Soumia El basri

Synthèse d'oxyde de (Fe,Al) dans l'eau de mer

Soumia El basri

Synthèse d'oxyde de (Fe,Al) dans l'eau de mer

Dépollution des eaux

Presses Académiques Francophones

Impressum / Mentions légales
Bibliografische Information der Deutschen Nationalbibliothek: Die Deutsche Nationalbibliothek verzeichnet diese Publikation in der Deutschen Nationalbibliografie; detaillierte bibliografische Daten sind im Internet über http://dnb.d-nb.de abrufbar.
Alle in diesem Buch genannten Marken und Produktnamen unterliegen warenzeichen-, marken- oder patentrechtlichem Schutz bzw. sind Warenzeichen oder eingetragene Warenzeichen der jeweiligen Inhaber. Die Wiedergabe von Marken, Produktnamen, Gebrauchsnamen, Handelsnamen, Warenbezeichnungen u.s.w. in diesem Werk berechtigt auch ohne besondere Kennzeichnung nicht zu der Annahme, dass solche Namen im Sinne der Warenzeichen- und Markenschutzgesetzgebung als frei zu betrachten wären und daher von jedermann benutzt werden dürften.

Information bibliographique publiée par la Deutsche Nationalbibliothek: La Deutsche Nationalbibliothek inscrit cette publication à la Deutsche Nationalbibliografie; des données bibliographiques détaillées sont disponibles sur internet à l'adresse http://dnb.d-nb.de.
Toutes marques et noms de produits mentionnés dans ce livre demeurent sous la protection des marques, des marques déposées et des brevets, et sont des marques ou des marques déposées de leurs détenteurs respectifs. L'utilisation des marques, noms de produits, noms communs, noms commerciaux, descriptions de produits, etc, même sans qu'ils soient mentionnés de façon particulière dans ce livre ne signifie en aucune façon que ces noms peuvent être utilisés sans restriction à l'égard de la législation pour la protection des marques et des marques déposées et pourraient donc être utilisés par quiconque.

Coverbild / Photo de couverture: www.ingimage.com

Verlag / Editeur:
Presses Académiques Francophones
ist ein Imprint der / est une marque déposée de
OmniScriptum GmbH & Co. KG
Heinrich-Böcking-Str. 6-8, 66121 Saarbrücken, Deutschland / Allemagne
Email: info@presses-academiques.com

Herstellung: siehe letzte Seite /
Impression: voir la dernière page
ISBN: 978-3-8416-3075-9

Zugl. / Agréé par: Casablanca,Université Hassan II,Maroc;2013

Copyright / Droit d'auteur © 2015 OmniScriptum GmbH & Co. KG
Alle Rechte vorbehalten. / Tous droits réservés. Saarbrücken 2015

Résumé

Notre étude consiste à étudier la production et la performance épuratoire de coagulants synthétiques à base d'aluminium, de fer et de fer/aluminium générés par électrocoagulation dans des solutions diluées d'eau de mer. Neuf structures coagulantes/adsorbantes ont été produites avec des électrodes d'aluminium, de fer et de fer/aluminium, sous un potentiel de 12 V et un temps d'électrolyse de 24 h en utilisant de l'eau de mer diluée 60 (10^{-2} mol/L de NaCl), 6(10^{-1} mol/L de NaCl), 2(0,3 mol/L de NaCl) et l'eau de mer (0,6 mol/L de NaCl) fois dans l'eau déminéralisée comme électrolyte support.

Les neuf structures coagulantes/adsorbantes synthétiques ont ensuite été analysées par Diffraction des Rayons X (DRX), Microscopie Electronique à Balayage (MEB), Plasma à Couplage Inductif (ICP), potentiel zêta et par Granulométrie Laser.

Ces coagulants/adsorbants sont caractérisés par différents méthodes d'analyses afin de connaître leurs propriétés. Nous avons procédé par la suite à une étude de l'efficacité de ces composés dans différentes solutions polluées par des colorants, matières organiques et inorganiques à pH neutre.

Afin de mettre en évidence l'effet de l'eau de mer utilisée pour la préparation de ces coagulants à base de fer et d'aluminium, une étude comparative de la capacité d'adsorption entre des coagulants préparés dans l'eau de robinet et ceux préparés dans l'eau de mer diluée à été effectuée.

Mots clés

Electrocoagulation, fer, aluminium, coagulant/adsorbant, matières organiques, matières inorganiques, rejet synthétique.

Dédicaces

A mes très chers parents :

Toutes les dédicaces du monde ne me permettront pas de vous exprimer mon immense affection, ma profonde gratitude pour tous les sacrifices que vous avez consentis pour mon éducation et mes études, puisse Dieu vous accorder santé et longue vie et me guider sur le chemin de la réussite pour que je puisse vous rendre fière de moi.

A mon mari Yassine ANTAR.

A mes soeurs Hasnaa et Safia et mes frères Amine, Karim:

Pour leur assistance et réconfort.

A mes chères amies et leurs familles :

Pour leur précieuse aide et soutien

A tous mes amis :

Pour leur fidélité et sincérité.

Les travaux présentés dans ce mémoire ont donné lieu aux publications et communications suivantes :

PUBLICATIONS

Fatiha ZIDANE, **Soumia EL BASRI**, Bensaid JALILA, Jean-François BLAIS, Patrick DROGUI et Fakhreddine QASSID, Effet de l'électrolyte support sur la synthèse par électrocoagulation de structures adsorbantes à base de fer et d aluminium, Int. J. Biol. Chem. Sci. ISSN 1991-8631.

Soumia EL BASRI, Fatiha ZIDANE, Jalila BENSAID, Synthèse et étude de l'efficacité des coagulants (Fe, Al et Fe/Al): Contribution à la dépollution des eaux usées par des composés à base de fer et/ou aluminium synthétisés par électrocoagulation dans l'eau de mer, Editions universitaires européennes ,9 juin 2011

Fatiha ZIDANE, Fakhreddine QASSID, **Soumia EL BASRI**, Jalila BENSAID, Patrick DROGUI et Jean-François BLAIS, Décoloration des effluents par des structures adsorbantes générées par électrocoagulation avec des électrodes d'aluminium et de fer, Revue des Sciences de l'Eau, QF11-09B.

Fatiha ZIDANE, Adil RHAZZAR, Jean-François BLAIS, Kamal AYOUBI,Jalila BENSAID, **Soumia EL BASRI**, Noureddine KABA, Qassid FAKHREDDINE et Brahim LEKHLIF; Contribution la dépollution des eaux usées de textile par électrocoagulation et par adsorption sur des composées base de fer et d aluminium, Int. J. Biol. Chem. Sci. ISSN 1991-8631.

COMMUNICATIONS SCIENTIFIQUES

Participation aux congrès internationaux

F. ZIDANE, F. QASSID, J. BENSAID, S. EL BASRI, P. DROGUI, J.F. BLAIS; Colour removal from effluent using iron- and aluminum-based adsorbents/coagulants externally generated by electrocoagulation ; Internationational Water Association ; 19-24 septembre 2010; Québec, CANADA ; (Communication par affiche).

F. ZIDANE, J.F. BLAIS, J. BENSAID, P. DROGUI, S. EL BASRI, A. RHAZZAR, F. QASSID, N. KABA, Communication orale « Contribution à la dépollution des eaux par des composés à base de fer et/ou d'aluminium synthétisés par électrocoagulation dans NaCl et l'eau de mer », communication orale, Colloque international, « La gestion de l'eau, défi du XXIème siècle », Limoges, France, 19 – 21 octobre 2011.

F. ZIDANE, S. EL BASRI, J. BENSAID, J. F. BLAIS, P. DROGUI, F.QASSID ; Traitement des eaux contaminées par un colorant synthétique par des coagulants à base de fer et/ou d'aluminium préparés par électrocoagulation ; II^{éme} Symposium International sur la Gestion des Sédiments, Casablanca, MAROC ; 11, 12 et 13 mai 2010 ;(Communication par affiche).

F. ZIDANE, S. EL BASRI, J. BENSAID, J. F. BLAIS, P. DROGUI, F.QASSID ; Contribution à la dépollution des eaux contaminées par un colorant synthétiques par des composés à base de fer et /d'aluminium synthétisés par électrocoagulation dans l'eau de mer ; IX éme symposium international "Environnement, Catalyse et Génie des Procédés", Settat, MAROC ; 13 et 14 avril 2010 ;(Communication par affiche).

F. ZIDANE, F.QASSID, J. BENSAID, J. F. BLAIS, P. DROGUI, S. EL BASRI; Contribution à la dépollution des eaux usées par adsorption sur des coagulants à base d'hydroxydes de fer et /ou d'aluminium; IX^{éme} symposium international "Environnement, Catalyse et Génie des Procédés", Settat, MAROC ; 13 et 14 avril 2010 ;(Communication par affiche).

Participation aux congrès nationaux

F. ZIDANE, S. EL BASRI, J. BENSAID, J. F. BLAIS, P. DROGUI, F.QASSID ; Contribution à la synthèse des composés à base de fer et /ou d'aluminium synthétisés par voie électrochimique ; 6éme Rencontre Nationale d'Electrochimie "RNEO6", Mohammedia, MAROC, 6 et 7 mai 2010 ;(communication orale, Communication par affiche).

F. ZIDANE, **S. EL BASRI**, J. BENSAID, J. F. BLAIS, P. DROGUI, F.QASSID ; Contribution à la dépollution des eaux contaminées par un colorant synthétiques par des composés à base de fer et /d'aluminium synthétisés par électrocoagulation dans l'eau de mer ; 4^{éme} journée" Gestion Environnementale des Produits Chimiques"(GEPROC4), Casablanca, MAROC, 13 avril 2010 ;(Communication par affiche).

F. ZIDANE, F.QASSID, J. BENSAID, J. F. BLAIS, P. DROGUI, **S. EL BASRI**; Contribution à la dépollution des eaux usées par adsorption sur des coagulants à base d'hydroxydes de fer et /ou d'aluminium; 4éme journée "Gestion Environnementale des Produits Chimiques"(GEPROC4), Casablanca, MAROC ; 13 avril 2010 ; (Communication par affiche).

Sommaire

INTRODUCTION GENERALE 1

CHAPITRE I : PARTIE BIBLIOGRAPHIQUE 5

    I.1. Eau et l'environnement -- 6

        I.1.1. Ressource en eau sur la planète --- 6

        I.1.2. Cycle de l'eau -- 6

    I.2. Pollution des eaux -- 7

        I.2.1 Types de pollution -- 8

        I.2.2 Sources de pollution --- 9

        I.2.3. Catégories de polluants -- 11

        I.2.4.Types de polluants toxiques --- 11

    I.3. la pollution des eaux au Maroc --- 18

        I.3.1. Introduction -- 18

        I.3.2. Normes des rejets liquides industriels: --------------------------------------- 19

    I.4.Traitement des effluents industriels --- 21

        I.4.1. Introduction -- 21

        I.4.2. Modes de traitement des effluents industriels ------------------------------- 22

        I.4.3 Hydrolyse du fer et d'aluminium --- 35

        I.4.4 Electrocoagulation --- 42

    I.5 Composition de l'eau de mer --- 47

        I.5.1. Introduction -- 47

        I.5.2. Composition de l'eau de mer --- 47

        I.5.3 Conclusion -- 51

Sommaire

Chapitre II : MATÉRIELS ET MÉTHODES 54

II.1 Synthèse des structures coagulantes/adsorbantes--- 54

II.2 Caractérisation des structures coagulantes/adsorbantes ---------------------------------- 55

II.2.1. Caractérisation microscopique de la phase cristalline des structures par diffraction aux rayons X --- 55

II.2.2. Caractérisation microscopique des structures par Microscopie électronique à balayage -- 57

II.2.3. Caractérisation microscopique de la taille des structures par granulométrie laser 58

II.2.4. Caractérisation de la mobilité électrophorétique structures à l'aide de la mesure du potentiel zêta -- 60

II.2.5 Caractérisation élémentaire structures par d'Emission Atomique de Plasma d'Argon à Couplage Inductif -- 61

II.3 Détermination de l'efficacité des structures coagulantes/adsorbantes ------------------- 63

II.4 Les Paramètres physicochimiques --- 64

Chapitre III : RÉSULTATS ET DISCUSSION 67

III.1 Structure coagulante/adsorbante à base d'aluminium ---------------------------------- 67

III.1.1. Préparation des structures coagulantes/adsorbantes à base d'aluminium ---------- 67

III.1.2. Etude de la masse formée et l'énergie consommée des structures coagulantes/adsorbantes à base d'aluminium -- 69

III.1.3. Caractérisation des structures coagulantes/adsorbantes à base d'aluminium ------ 69

III.1.4 Efficacité épuratoire des structures coagulantes/adsorbantes à base d'aluminium --- 76

III.1.5 Etude comparative entre l'électrocoagulation et la coagulation par adsorption -- 83

III.2 Structure coagulante/adsorbante à base de fer -- 86

III.2.1. Préparation des structures coagulantes/adsorbantes à base de fer ----------------- 86

III.2.2. Etude de la masse formé et le l'énergie consommée des structures coagulantes/adsorbantes à base de fer --- 87

III.2.3. Caractérisation des structures coagulantes/adsorbantes à base de fer ------------ 88

III.2 .4. Efficacité épuratoire des structures coagulantes/adsorbantes à base de fer ------ 94

III.2.5 Etude comparative entre l'électrocoagulation et la coagulation par adsorption 102

Conclusion -- 104

III.3 Structure coagulante/adsorbante à base de fer/aluminium ------------------------------ 105

III.3.1. Préparation des structures coagulantes/adsorbantes à base du fer/aluminium -- 105

III.3.2. Etude de la masse formé et le l'énergie consommée des structures coagulantes/adsorbantes à base de fer/aluminium --- 106

III.3.3. Caractérisation des structures coagulantes/adsorbantes à base du fer/aluminium
-- 107

III.3.4. Efficacité épuratoire des structures coagulantes/adsorbantes à base du fer/aluminium -- 112

III.3.5. Etude comparative entre l'électrocoagulation et la coagulation par adsorption 121

III.4. Etude comparative des structures à base de fer et /ou d'aluminium --------------- 124

CONCLUSION GENERALE -- 126

REFERENCE BIOBLIOGRAPHIQUE -- 132

ANNEXE --- 140

Liste des figures

Figure 1: Schéma du cycle de l'eau -------- 7

Figure 2: Les différents types de pollution des eaux de surface (DORE.M, 1989). -------- 10

Figure 3: Structure chimique du bisphénol A -------- 13

Figure 4 : Evolution des rejets urbains au Maroc -------- 19

Figure 5: Technique de traitement des rejets industriels (CRINI G.et al) -------- 21

Figure 6: Situation à l'interface solide-fluide. -------- 23

Figure 7: Schéma de l'adsorption physique (LEMAIRE, 2004). -------- 24

Figure 8: Représentation schématique des différents types de pores. -------- 25

Figure 9: Représentation schématique de la double couche électrique et de l'évolution du potentiel électrique en fonction de la distance à la particule -------- 27

Figure 10 : Représentation schématique de la compression de la couche diffuse. -------- 29

Figure 11 : Représentation schématique de neutralisation des charges. -------- 29

Figure 12 : Emprisonnement des particules dans les flocs pendant la décantation -------- 30

Figure 13 : Diagramme de stabilité des espèces ioniques dérivant de l'hydrolyse des sels d'aluminium. -------- 36

Figure 14 : Diagramme de solubilité dans l'eau de $Al(OH)_3$ à 25°C. -------- 36

Figure 15 : Répartition molaire du fer (II) en fonction du pH (a) et de la concentration en fer (II) total (b) en eau pure et en conditions standards (NEFF D., 2003). -------- 38

Figure 16: Répartition molaire du fer (II) en fonction du pH (a) et de la concentration en fer (II) total (b) en eau pure et en conditions standards (NEFF D., 2003). -------- 39

Figure 17 : Diagramme de coagulation au chlorure ferrique d'après Amirtharajah & Mills(1982) et Amirtharajah (1988) -------- 41

Figure 18: Schéma de la cellule électrolytique à deux électrodes -------- 45

Figure 19 : Schéma de la taille des matières organiques dans l'eau de mer -------- 50

Figure 20: Dispositif d'analyse des structures coagulantes/adsorbantes par microscopie électronique à balayage (MEB). -------- 58

Liste des figures

Figure 21: Interactions entre le faisceau laser et une particule. ------60

Figure 22: Dispositif de mesure le potentiel Zêta des structures adsorbants préparés. ------61

Figure 23: Photo de l'appareil d'ICP-ES.------62

Figure 24 : Présentation générale de la technique d'ICP-ES.------62

Figure 25: Différentes étapes permettant le passage d'un échantillon liquide à des éléments sous forme atomique. ------63

Figure 26: Évolution temporelle du courant électrique et le pH lors de la synthèse des coagulants synthétiques à base d'aluminium. ------67

Figure 27: Analyse par DRX et microphotographies (MEB) des structures coagulantes/adsorbantes à base d'aluminium.------70

Figure 28: Potentiel zêta des particules colloïdales des structures coagulantes/adsorbantes à base d'aluminium A(E1), A(E2) et A(E3) pour une concentration de NaCl de 10^{-2}, 10^{-1} et 0,3 mol L^{-1}.------74

Figure 29: Répartition de la taille des particules des structures coagulantes/adsorbantes -----75

Figure 30: Évolution temporelle du courant électrique et le pH lors de la synthèse des coagulants synthétiques à base d'aluminium. ------81

Figure 31: Évolution temporelle du courant électrique et le pH lors de la synthèse des coagulants synthétiques à base de fer. ------87

Figure 32: Analyse par DRX et microphotographies (MEB) des structures coagulantes/adsorbantes à base de fer ------89

Figure 33: Potentiel zêta des particules colloïdales des structures ------93

Figure 34 : Répartition de la taille des particules des structures coagulantes/adsorbantes à base de fer. ------94

Figure 35 : Évolution temporelle du courant électrique et le pH lors de la synthèse des coagulants synthétiques à base d'aluminium. ------ 100

Figure 36: Évolution temporelle du courant électrique et le pH lors de la synthèse des coagulants synthétiques à base de fer/aluminium. ------ 106

Figure 37: Analyse par DRX et microphotographies (MEB) des structures coagulantes/adsorbantes à base du fer/aluminium. -- 108

Figure 38 : Répartition des particules colloïdale des différents coagulants obtenus par zétaphoréméta des coagulants à base de fer/aluminium (A(E1), A(E2), A(E3)). ------------- 111

Figure 39 : Répartition de la taille des particules des structures coagulantes/adsorbantes à base du fer/aluminium. -- 112

Figure 40 : pH finaux de la solution synthétique, du rendement d'élimination en termes de l'absorbance, ainsi que le rendement d'élimination en termes de DCO en fonction de la concentration des structures -- 119

Liste des tableaux

Tableau 1: Classification tinctoriale des colorants --- 16

Tableau 2 : Répartition des eaux usées rejetées selon le milieu récepteur --- 19

Tableau 3 : Normes des rejets industriels de nombreux pays et du Maroc. --- 20

Tableau 4 : les formes prédominantes des hydroxydes de fer et d'aluminium --- 31

Tableau 5 : Différentes formes hydrolysées du fer et de l'aluminium. --- 31

Tableau 6 : Réactions d'hydrolyse de Al (III) et constantes d'équilibre à 25°C (IDDICK T., 1968). --- 37

Tableau 7 : Concentration des éléments majeurs présents dans une eau de mer de salinité 35,000 mg.kg^{-1} (COPIN-MONTEGUT, 1996) --- 48

Tableau 8 : Concentration moyenne des principaux éléments traces métalliques présents dans une eau de mer (Brown et al., 1997) --- 49

Tableau 9 : Principaux éléments nutritifs dans l'eau de mer (Brown et al., 1997) --- 49

Tableau 10 : types des structures coagulantes/adsorbantes utilisés --- 54

Tableau 11 : Formule des composés chimiques étudiés --- 64

Tableau 12 : masse formé et l'énergie consommée (Eg) des coagulants à base d'aluminium 69

Tableau 13 : Les phases cristallines des Coagulant/adsorbant du A (E1), A (E2), A (E3) et A (E4) --- 71

Tableau 14 : Composition élémentaire (mg g^{-1}) des coagulants synthétiques à base d'aluminium. --- 71

Tableau 15 : Valeurs de pH finaux, de la conductivité, du rendement d'élimination de la couleur (Abs) et du carbone organique dissous (COD) suite à l'addition des structures coagulantes/adsorbantes dans des solutions colorées par le trypan bleu ou le potassium indigo trisulfonate --- 76

Tableau 16 : Valeurs de pH finaux, de la conductivité, du rendement d'élimination de la couleur (Abs) et du carbone organique dissous (COD) suite à l'addition des structures coagulantes/adsorbantes dans des solutions contaminées par l'acide oxalique ou le bisphénol à pH neutre --- 77

Tableau 17 : Valeurs de pH finaux, de la conductivité et rendement d'élimination du chrome suite à l'addition des structures coagulantes/adsorbantes dans des solutions contaminées par le sulfate de chrome ou le trioxyde de chrome -- 78

Tableau 18 : Valeurs de pH finaux, de la conductivité, du rendement d'élimination de la couleur (Abs) et du carbone organique dissous (COD) suite à l'addition des coagulants synthétiques dans un effluent synthétique à pH neutre. --- 79

Tableau 19 : Valeurs de pH finaux, de la conductivité, du rendement d'élimination de la couleur (Abs) et du carbone organique dissous (COD) suite à l'addition des coagulants synthétiques dans différents effluents synthétiques --- 82

Tableau 20 : Valeurs de pH finaux, du rendement d'élimination de la couleur (Abs), du carbone organique dissous (COD) par : -- 84

Tableau 21 : masse formée et l'énergie consommée (Eg) des coagulants à base d'aluminium -- 88

Tableau 22 : Les phases cristallines des Coagulant/adsorbant du F(E1), F(E2), F(E3) et (E4). -- 90

Tableau 23 : Composition élémentaire (mg g^{-1}) des coagulants synthétiques à base de fer. -- 91

Tableau 24 : Valeurs de pH finaux, de la conductivité, du rendement d'élimination de la couleur (Abs) et du carbone organique dissous (COD) suite à l'addition des structures coagulantes/adsorbantes dans des solutions colorées par le trypan bleu ou le potassium indigo trisulfonate. -- 95

Tableau 25 : Valeurs de pH finaux, de la conductivité, du rendement d'élimination de la couleur (Abs) et du carbone organique dissous (COD) suite à l'addition des structures coagulantes/adsorbantes dans des solutions contaminées par l'acide oxalique ou le bisphénol à pH neutre. --- 96

Tableau 26 : Valeurs de pH finaux, de la conductivité et rendement d'élimination du chrome suite à l'addition des structures coagulantes/adsorbantes dans des solutions contaminées par le sulfate de chrome ou le trioxyde de chrome -- 98

Tableau 27 : Valeurs de pH finaux, de la conductivité, du rendement d'élimination de la couleur (Abs) et du carbone organique dissous (COD) suite à l'addition des coagulants synthétiques dans un effluent synthétique à pH neutre-- 99

Tableau 28 : Valeurs de pH finaux, de la conductivité, du rendement d'élimination de la couleur (Abs) et du carbone organique dissous (COD) suite à l'addition des coagulants synthétiques dans différents effluents synthétiques. -------- 101

Tableau 29 : masse formé et l'énergie consommée (Eg) des coagulants à base de fer/aluminium -------- 107

Tableau 30 : Les phases cristallines des Coagulant/adsorbant du AF(E1), AF(E2), AF(E3) et AF(E4). -------- 108

Tableau 31 : Composition élémentaire (mg g^{-1}) des coagulants synthétiques à base d'aluminium. -------- 109

Tableau 32 : Valeurs de pH finaux, de la conductivité, du rendement d'élimination de la couleur (Abs) et du carbone organique dissous (COD) suite à l'addition des structures coagulantes/adsorbantes dans des solutions colorées par le trypan bleu ou le potassium indigo trisulfonate -------- 113

Tableau 33 : Valeurs de pH finaux, de la conductivité, du rendement d'élimination de la couleur (Abs) et du carbone organique dissous (COD) suite à l'addition des structures coagulantes/adsorbantes dans des solutions contaminées par l'acide oxalique ou le bisphénol à pH neutre -------- 115

Tableau 34 : Valeurs de pH finaux, de la conductivité et rendement d'élimination du chrome suite à l'addition des structures coagulantes/adsorbantes dans des solutions contaminées par le sulfate de chrome ou le trioxyde de chrome -------- 116

Tableau 35 : Valeurs de pH finaux, de la conductivité, du rendement d'élimination de la couleur (Abs) et du carbone organique dissous (COD) suite à l'addition des coagulants synthétiques dans un effluent synthétique à pH neutre -------- 117

Tableau 36 : Valeurs de pH finaux, de la conductivité, du rendement d'élimination de la couleur (Abs) et du carbone organique dissous (COD) suite à l'addition des coagulants synthétiques dans différents effluents synthétiques. -------- 120

INTRODUCTION GENERALE

Durant ces dernières années, de nouvelles réglementations concernant les produits toxiques sont devenues nécessaires du fait de l'augmentation des risques qu'ils peuvent avoir sur la santé publique et sur l'environnement. Parmi ces risques nous pouvons citer, ceux issus de l'industrie textile ou de tannerie, riches en colorants et matières organiques ainsi qu'en éléments nocifs.

Plusieurs méthodes biologiques, physiques et chimiques ont été utilisées permettant le traitement des effluents dont la biodégradation microbienne (NIGAM et al., 1996), l'oxydation (BALANOSKY et al., 2000) et l'ozonation (KONSOWA, 2003). Ces technologies sont cependant coûteuses, surtout lorsqu'elles sont appliquées pour le traitement des effluents à fort débit. La technique d'adsorption semble, par conséquent être bien adaptée à l'industrie textile (YANG et al., 1998) grâce à son efficacité prouvée dans l'élimination des polluants organiques et, également, pour des considérations économiques (ROBINSON et al., 2001; GARG et al., 2003).

Les procédés de traitement de ces effluents comprennent également les traitements électrochimiques, tels que l'électro-oxydation (ABDO et AL-AMEERI, 1987; KUPERFERLE et al., 2004; ZAVISKA et al., 2009), l'électrofloculation (CIARDELLI et RANIERI, 2001), ou l'électrocoagulation (MOLLAH et al., 2004; ALINSAFI et al., 2005 ; GOLDER et al., 2005).

L'électrocoagulation est une technique électrochimique pour laquelle des anodes sacrificielles (électrodes de fer ou d'aluminium) sont progressivement solubilisées dans les eaux à traiter et servent de précurseurs à la formation de coagulants (CENKIN et BELEVTSEV, 1985).

Le fer ou l'aluminium libéré à l'anode, produisent des flocs d'hydroxydes métalliques, permettant d'éliminer les polluants par complexation ou par attraction électrostatique (MOLLAH et al., 2001).

L'aluminium donne lieu à quatre complexes d'aluminium produits initialement lors de sa mise en solution lors de l'application du procédé d'électrocoagulation (réactions 1 à 4).

$$Al^{3+} + H_2O \rightarrow Al(OH)^{2+} + H^+ \qquad (1)$$

$$Al(OH)^{2+} + H_2O \rightarrow Al(OH)_2^+ + H^+ \qquad (2)$$

$$Al(OH)_2^+ + H_2O \rightarrow Al(OH)_3^0 + H^+ \qquad (3)$$

$$Al(OH)_3^0 + H_2O \rightarrow Al(OH)_4^- + H^+ \qquad (4)$$

La prédominance de chacune de ces espèces est fonction du pH de la solution et de la concentration d'aluminium (HOLT et al., 2002). Au fur et à mesure que les concentrations de monomères d'aluminium augmentent en solution, des espèces polymériques sont formées selon les réactions suivantes (AMIRTHARAHAH et MILLS, 1982; JOLIVET, 1994):

$$Al^{3+} \rightarrow Al(OH)_n^{(3-n)} \rightarrow Al_2(OH)_2^{4+} \rightarrow Al_3(OH)_4^{5+} \rightarrow Al_{13}(O)_4(OH)_{24}^{7+} \rightarrow Al(OH)_3 \qquad (5)$$

La plupart des espèces monomériques ($Al(OH)^{2+}$, $Al(OH)^{2+}$, $Al(OH)_3$, et $Al(OH)_4^-$) et polymériques ($Al_2(OH)_2^{4+}$, $Al_3(OH)_4^{5+}$ et $Al_{13}O_4(OH)_{24}^{7+}$) est générée avant la précipitation d'hydroxydes d'aluminium (EXALL et VANLOON, 2000).

Une autre approche proposée récemment, consiste à produire *ex situ* des coagulants par électrocoagulation, en les utilisant comme réactifs pour le traitement des solutions polluées (ZIDANE et al., 2008).

Celle-ci a été testée, dans la présente étude, sur des solutions polluées soit par des colorants synthétiques, des matières organiques, des éléments toxiques ou bien le mélange entre ces trois polluants.

Le fer donne lieu à quatre complexes de fer produits initialement lors de sa mise en solution lors de l'application du procédé d'électrocoagulation (réactions 6 à 9).

$$Fe^{3+} + H_2O \rightarrow Fe(OH)^{2+} + H^+ \qquad (6)$$

$$Fe(OH)^{2+} + H_2O \rightarrow Fe(OH)_2^+ + H^+ \qquad (7)$$

$$Fe(OH)_2^+ + H_2O \rightarrow Fe(OH)_3^0 + H^+ \qquad (8)$$

$$Fe(OH)_3 + H_2O \rightarrow Fe(OH)_4^- + H^+ \qquad (9)$$

L'augmentation du pH entraîne la présence d'espèces monomères divalentes puis monovalentes et enfin celle de l'hydroxyde de fer non chargé. La solubilité de cet hydroxyde est faible et un précipité amorphe se forme pour des valeurs de pH neutres. Avec l'augmentation du pH, les espèces anioniques prédominent.

$$Fe^{3+} \rightarrow Fe(OH)^{2+} \rightarrow Fe(OH)_2^+ \rightarrow Fe(OH)_3 \qquad (10)$$

La majorité des espèces monomériques ou complexes monomères, dimères ou trimères est selon le pH de la solution, sont majoritairement chargés positivement : $Fe(OH)^{2+}$, $Fe(OH)_2^+$, $Fe_2(OH)_4^{2+}$, $Fe_3(OH)_4^{5+}$, $Fe(OH)_4^-$ (LEFEBVRE et LEGUBE, 1990 ; DUAN et GREGORY, 2003).

Une autre approche proposée récemment, consiste à produire ex situ des coagulants par électrocoagulation, qui ont été testés dans la présente étude, dans des solutions polluées soit par des colorants synthétiques, des matières organiques, des éléments toxiques ou bien par le mélange de ces trois polluants.

Ce mémoire est divisé en trois chapitres :

Le premier chapitre est consacré à une synthèse bibliographique essentiellement axée sur la pollution des eaux et son impact sur l'environnement. Parmi les différents modes de traitement utilisés pour dépolluer ces eaux, figure l'utilisation du procédé d'électrocoagulation dans un électrolyte support à base d'eau de mer pour la préparation des composés coagulants/adsorbants à base de fer et /ou d'aluminium.

Le deuxième chapitre, présente les différents sites de prélèvement des eaux de mer pour la préparation des coagulants à base de fer et d'aluminium qui vont être utilisé pour le traitement des effluents contaminés par des composés organiques, inorganiques et des éléments toxiques ainsi que les différents paramètres, matériels et méthodes utilisés dans la partie expérimentale pour l'élaboration des résultats de la présente étude.

Le troisième chapitre, consistera à rappeler les procédés utilisés pour synthétiser et caractériser les coagulants à base aluminium A(E1), A(E2), A(E3) et A(E4), de fer F(E1), F(E2), F(E3) et F(E4) et de fer/aluminium AF(E1), AF(E2), AF(E3) et AF(E4), à différentes concentrations d'eau de mer (E1, E2, E3 et E4) puis les différentes méthodes d'analyses sont utilisés afin de connaître leurs propriétés. Nous procéderons ensuite à une étude de l'efficacité de ces composés dans différentes solutions polluées par des colorants, matières organiques et inorganiques à pH neutre.

Afin de mettre en relief l'effet de l'eau de mer, utilisée pour la préparation de coagulants à base de fer et d'aluminium, une étude comparative de la capacité d'adsorption entre des coagulants préparés dans l'eau de robinet et ceux préparés dans l'eau de mer diluée à été effectuée.

Cette thèse a donné lieu aux articles scientifiques publiés :

Fatiha ZIDANE, Soumia EL BASRI, Bensaid JALILA, Jean-François BLAIS, Patrick DROGUI et Fakhreddine QASSID, Effet de l'électrolyte support sur la synthèse par électrocoagulation de structures adsorbantes à base de fer et d aluminium, Int. J. Biol. Chem. Sci. ISSN 1991-8631.

Soumia EL BASRI, Fatiha ZIDANE, Jalila BENSAID, Synthèse et étude de l'efficacité des coagulants (Fe, Al et Fe/Al): Contribution à la dépollution des eaux usées par des composés à base de fer et/ou aluminium synthétisés par électrocoagulation dans l'eau de mer, Editions universitaires européennes ,9 juin 2011.

Fatiha ZIDANE, Fakhreddine QASSID, Soumia EL BASRI, Jalila BENSAID, Patrick DROGUI et Jean-François BLAIS, Décoloration des effluents par des structures adsorbantes générées par électrocoagulation avec des électrodes d'aluminium et de fer, Revue des Sciences de l'Eau, QF11-09B.

Fatiha ZIDANE, Adil RHAZZAR, Jean-François BLAIS, Kamal AYOUBI, Jalila BENSAID, Soumia EL BASRI, Noureddine KABA, Qassid FAKHREDDINE et Brahim LEKHLIF; Contribution à la dépollution des eaux usées de textile par électrocoagulation et par adsorption sur des composées à base de fer et d aluminium, Int. J. Biol. Chem. Sci. ISSN 1991-8631.

CHAPITRE I
SYNTHÈSE
BIBLIOGRAPHIQUE

CHAPITRE I : SYNTHÈSE BIBLIOGRAPHIQUE

I.1. Eau et l'environnement

I.1.1. Ressource en eau sur la planète

L'eau est le principal constituant des êtres vivants et l'élément indispensable à toute forme de vie. Sa disponibilité ainsi que son abondance jouent un rôle fondamental dans le développement et l'évolution des sociétés. Bien que l'eau soit la substance la plus présente de la Terre, elle n'est constituée qu'à hauteur de 2,53% d'eau douce (2/3 sont immobilisés dans les glaciers et les neiges), le reste étant de l'eau de mer.

Le changement climatique a plusieurs effets sur l'environnement et surtout sur la qualité des eaux de surface naturelles destinées à l'alimentation humaine.

La pollution des eaux naturelles a augmenté d'une manière importante ces dernières décennies, ce qui rend l'eau de plus en plus chargée en matières organiques et minérales.

Dans de nombreux pays en développement, 80% à 90% des eaux usées déversées sur les côtes sont des effluents bruts, c'est à dire des rejets qui n'ont pas été traités. La pollution, liée à une démographie galopante dans les zones côtières et à des infrastructures d'assainissement et de traitement des déchets inadéquates, constitue une menace pour la santé publique. Pourtant, du fait de la mauvaise gestion, de moyens limités et des changements environnementaux, quasiment un habitant de la planète sur cinq n'a toujours pas accès à l'eau potable et 40% de la population mondiale ne dispose pas d'un service d'assainissement de base, comme l'indique le deuxième Rapport mondial des Nations Unies sur la mise en valeur des ressources en eau. Le manque d'accès à l'eau potable et à l'assainissement tue 8 millions d'êtres humains chaque année et représente à ce titre la première cause de mortalité dans le monde, un défi majeur et crucial pour l'humanité (S. ARRIS, 2008).

I.1.2. Cycle de l'eau

L'eau sur terre effectue un cycle qui la fait passer successivement par tous ses états. Sous forme de gaz, à l'état de vapeur d'eau dans l'atmosphère, sous forme liquide tombant en pluie. Ces trois réservoirs qui constituent l'hydrosphère sont interconnectés et sont objet de transferts incessants de grandes quantités d'eau. C'est le cycle de l'eau (Figure1).

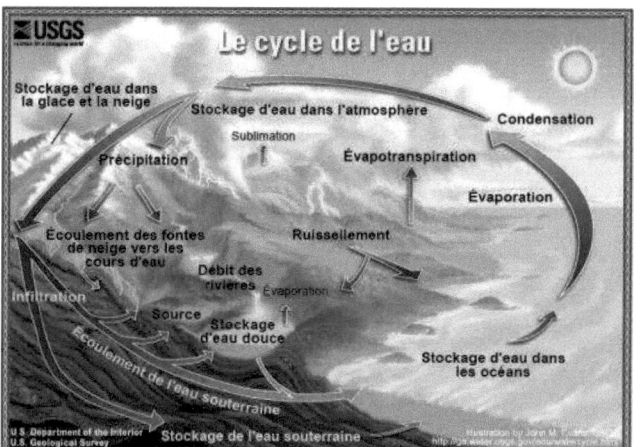

Figure 1: Schéma du cycle de l'eau

Dans le cycle hydrologique, l'approvisionnement en eau douce est en mouvement perpétuel et sans fin entre les océans, l'air et la terre (N. KHLIL, 2012).

Chaque année, la chaleur du soleil entraine l'évaporation de quelque 500000 km^3 d'eau de la surface terrestre dont 86% proviennent des océans et 14% des terres. Une quantité égale retombe sur terre sous forme de pluies, de grêle ou de neige. Ce processus permet un plus grand retour d'eau sur terre que celle qui s évapore, sans tenir compte de l'eau présente dans les tissus des êtres vivants, qui tout en consommant, en rejettent eux-mêmes. Aucune molécule d'eau ne sort jamais de ce cycle qui peut pourtant se dérégler.

Le World Ressource Institute estime que celui-ci distille et transfère 41000 km^3 d'eau des océans aux continents, chaque année. Pour compléter le cycle naturel, l'eau retourne ensuite aux océans par voie d'écoulement, et le cycle recommence alors, expliquant que la quantité totale d'eau sur la planète est constante depuis 4,4 milliard d'années (N. KHLIL, 2012).

I.2. Pollution des eaux

La pollution de l'eau est une altération de sa qualité et de sa nature qui rend son utilisation dangereuse. Elle peut concerner les eaux superficielles (rivières, plans d'eau) ou les eaux souterraines. Elle a pour origines principales, l'activité humaine, les industries, l'agriculture et les décharges de déchets domestiques et industriels.

Les rejets industriels (textile, cosmétique...etc), constituent un problème majeur pour l'environnement. Ceux-ci sont riches en matières organiques, matières en suspension, colorants ...etc, et doivent pour cela être traités avant d'être rejetés dans le milieu naturel.

Dans cette partie, nous allons tout d'abord définir et indiquer les différents types de rejets en rappelant leurs origines et caractéristiques, puis nous rappellerons les méthodes de traitement de ces derniers et plus particulièrement celles dans lesquelles le fer et l'aluminium sont utilisés.

Les réglementations varient selon que les eaux usées sont déversées dans les égouts (rejet indirect) ou dans le milieu naturel (rejet direct). Les valeurs limites imposées pour les rejets directs sont généralement plus strictes que pour les rejets indirects, pour tenir compte de l'impact sur la santé en cas de contact ou de l'impact sur la qualité de l'eau lorsqu'elle est destinée à un usage quelconque. Le rejet indirect nécessite généralement un traitement préliminaire pour la qualité des eaux usées industrielles proche de celle des eaux usées domestiques.

I.2.1 Types de pollution

I.2.1.1 Pollution naturelle

La teneur de l'eau en substances indésirables n'est pas toujours le fait de l'activité humaine. Certains phénomènes naturels peuvent également y contribuer. Par exemple, le contact de l'eau avec les gisements minéraux peut, par érosion ou dissolution, engendrer des concentrations inhabituelles en métaux lourds. Des irruptions volcaniques, des épanchements sous-marins d'hydrocarbures peuvent aussi être à l'origine de pollution. (MG. MIQUEL, 2001).

I.2.1.2 Pollution industrielle

La pollution industrielle est caractérisée par sa très grande diversité, suivant l'utilisation faite de l'eau au cours du processus industriel (Henri R., 1980) ; (G.G. CLAUDE, 1999).

Selon l'activité industrielle, nous citerons les différents contaminants de l'eau:

➢ Les matières organiques et les graisses (abattoirs, industries agro-alimentaires...)
➢ Les hydrocarbures (industries pétrolières, transports).

- Les métaux (traitements de surface, métallurgie).
- Les produits chimiques acides et basiques (industries chimiques, tanneries...).
- Les eaux chaudes (circuits de refroidissement des centrales thermiques).
- Les matières radioactives (centrales nucléaires, traitement des déchets radioactifs).

I.2.1.3 Pollution agricole

La pollution agricole, concerne les eaux surchargées par des engrais, pesticides ou les eaux contaminées par des résidus de traitement métallurgique (métaux lourds, les hydrocarbures...). L'usage massif des engrais chimiques, le recours systématique aux pesticides ont permis une augmentation considérable des rendements agricoles. Ils sont malheureusement accompagnés d'une pollution accrue des eaux continentales, des terres cultivées, ainsi que des productions végétales et animales par divers contaminants minéraux ou organiques.

I.2.2 Sources de pollution

Les sources de pollution de l'eau sont très diverses et sont de deux types :

Des sources ponctuelles, telles que celles dues aux polluants générés par les tuyauteries et les égouts des industries, les usines de traitement d'eau usées, les mines et les entreprises pétrolières, etc...

Des sources diffuses, telles que celles dues aux polluants se trouvant dans les nappes phréatiques, ou des polluants provenant de l'agriculture, de la construction et des fosses septiques, etc....

Ces sources émettent principalement des polluants chimiques ou pathogènes. Bien que plusieurs de ces produits et substances chimiques puissent être d'origine naturelle (le calcium, le sodium, le fer, le manganèse, etc...), leurs concentrations vont déterminer s'ils sont des éléments naturels dans l'eau.

Ces pollutions ayant différentes sources soit diffuses ou ponctuelles, sont schématisées ci-dessous :

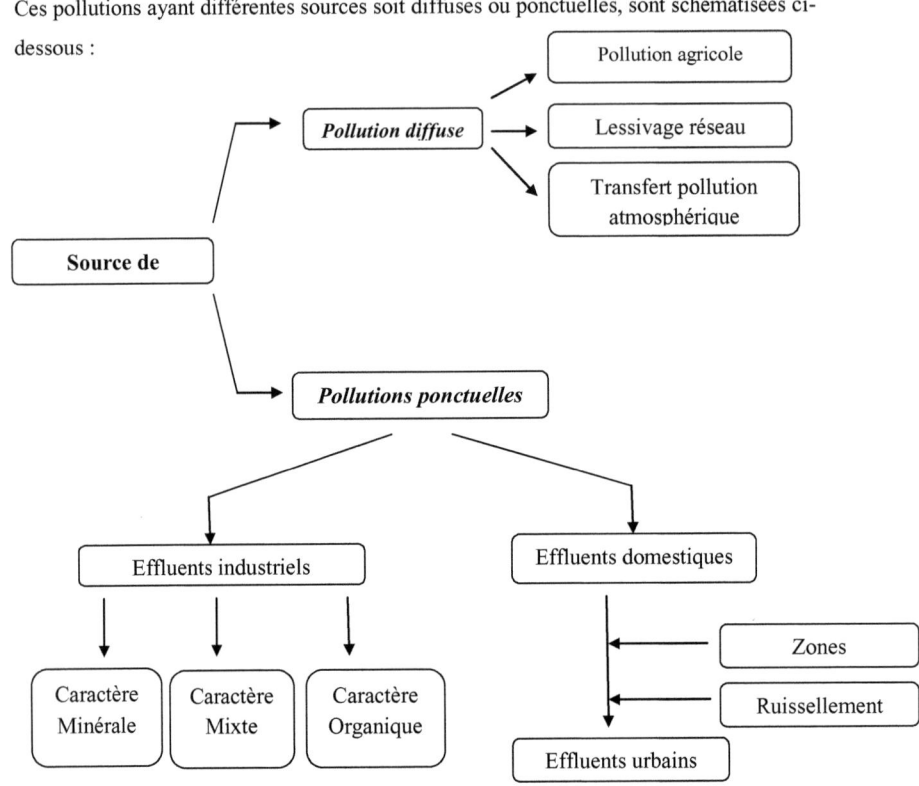

Figure 2: Les différents types de pollution des eaux de surface (DORE.M, 1989).

En général, les eaux générées par les industries sont à l'origine des problèmes de la pollution du fait de leur toxicité qui dépend de leur composition et de leur origine industrielle.

En effet, certains effluents présentent des problèmes de pollution, riches en matières biodégradables ou non. D'autres, comme les eaux usées provenant des industries du papier et du textile, ont un impact visuel important du fait de leur coloration et du problème de l'eutrophisation dans le milieu aquatique.

Malgré les efforts considérables faits au niveau de l'amélioration des traitements, au sein des industries textiles, papeteries et de traitement de surface, ces derniers sont encore considérés comme les plus polluants et les plus importantes sources consommatrices d'eau (POKHREL.T et al, 2004, HENZE.M et al, 2001).

I.2.3. Catégories de polluants

La pollution génère des polluants selon trois catégories :

Les polluants physiques possédant trois principaux agents de pollution qui sont la température, le transport de matières solides en suspension, et la radioactivité.

- ➤ Plus la température de l'eau est élevée plus le besoin en oxygène est grand et plus la teneur en oxygène dans l'eau baisse. (CHARBONNEAU J. ,1977)
- ➤ Le transport de matière solide en suspension agit en augmentant la turbidité de l'eau qui réduit la pénétration de la lumière. (CHARBONNEAU J. ,1977)
- ➤ La radioactivité libérée dans l'eau peut provenir d'une radioactivité naturelle, ou d'une contamination liée à des retombées atmosphériques (explosions nucléaires), des champs rayonnements d'origine industrielle ou enfin des contaminations accidentelles de l'eau à partir des rejets des installations centrales nucléaires. (BOUZIANE M. ,2000)

Les polluants biologiques sont provoqués par des matières organiques susceptibles de subir une fermentation bactérienne (CHARBONNEAU J. ,1977). La pollution biologique des eaux se traduit par une forte contamination bactérienne.

Les polluants chimiques sont dus essentiellement aux déversements des polluants organiques et des sels des métaux lourds par les unités industrielles, (BOUZIANE, M, 2000) et sont nombreux et d'origines diverses : métaux lourds, pesticides, détergents, constituant les micro- polluants et les hydrocarbures.

I.2.4.Types de polluants toxiques

I.2.4.1 Pollution par les matières organiques

La pollution par les matières organiques constituent un problème majeur, par exemple l'acide oxalique, le bisphénol constituent une importante source de pollution et sont essentiellement issus des rejets industriels tels que les industries chimiques, plastiques, les polymères et les insecticides sont très peu biodégradables du fait de la grande concentration en polluants (DCO de 500 mg à 1500 mg/L) (LAHBABI N., 2009).

Les matières organiques biodégradables (déjections animales et humaines, graisses, etc.), constituent la première cause de pollution des ressources en eaux. Ces matières sont issues des effluents domestiques, mais également des rejets industriels provenant des industries agro-alimentaires. La première conséquence de cette pollution réside dans l'appauvrissement en oxygène des milieux aquatiques, avec des effets conséquents sur la survie de la faune.

a- *Toxicité générée par l'acides oxaliques*

L'acide oxalique (AO) est un acide organique d'origine végétale que l'on retrouve naturellement dans quelques aliments végétaux (oseille, betterave) y compris certains miels (forêt, châtaignier).

L'acide oxalique déshydraté $((COOH)_2, 2H_2O)$ se présente sous forme des cristaux translucides, incolores, totalement soluble dans l'eau et certains solvants comme l'éthanol et l'oxyde de diéthyle (GALLARD H. ,2002 ; ACHOUR S. ,2005)

L'acide oxalique se décompose à partir de 160 °C en acide formique, en monoacide et dioxyde de carbone et en eau. Sous l'influence de la lumière l'acide oxalique anhydre ou en solution, est décomposé en acide formique et en dioxyde de carbone (GALLARD H. ,2002 ; ACHOUR S. ,2005)

L'acide oxalique, sous forme de poussières en suspension dans l'atmosphère, peut être à l'origine d'incendies et d'explosions.

L'acide oxalique pur ou en solution est très caustique, produisant des lésions immédiates des tissus avec lesquels il entre en contact et celles-ci s'aggravent progressivement. Les solutions diluées sont également caustiques, mais les lésions qu'elles produisent sont retardées.

L'ingestion d'acide oxalique est suivie de douleurs buccales, rétrosternales puis abdominales, les vomissements sont fréquents, ils sont parfois sanglants (GALLARD H. ,2002)

b-*Toxicité générée par le Bisphénol*

Le bisphénol A (BPA) est le nom usuel du 4,4'-dihydroxy-2,2-diphénylpropane. Le BPA est composé de deux cycles aromatiques (phényls) liés par un pont carbone et appartient à la famille des diphénylamines hydroxylés, ou bisphénols (Figure 3).

En 1891, le chimiste russe Alexandre Dianin a découvert la molécule de bisphénol qui provient de la condensation de l'acétone avec deux phénols. La réaction est catalysée par l'acide chlorhydrique ou par une résine de polystyrène.

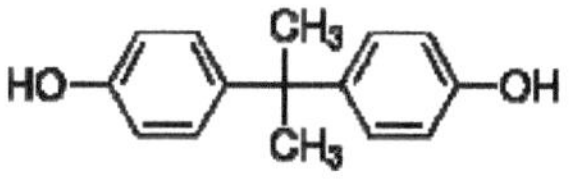

$$HO-\bigcirc-\underset{CH_3}{\overset{CH_3}{C}}-\bigcirc-OH$$

Figure 3: Structure chimique du bisphénol A

En 1930, Le BPA a été très étudié dans la recherche d'estrogènes de synthèse pour prévenir chez la femme les fausses couches et les menaces d'accouchements prématurés. Le BPA a été la première molécule synthétique d'écrite ayant une activité modulatrice sélective sur les lentilles.

Le BPA est utilisé comme monomère dans la fabrication des plastiques de type polycarbonate et des résines époxy-phénoliques, il est également utilisé dans les canalisations d'adduction d'eau potable. Les résines badge protègent contre la corrosion, tout en offrant une bonne stabilité thermique et de résistance mécanique.

Le BPA est également utilisé comme antioxydant dans les plastifiants ou encore comme agent actif utilisé pour fabriquer le film d'impression des papiers thermosensibles.

Depuis plusieurs années, les études sur les cellules ou les animaux montrent des effets inquiétants du BPA.

D'après Anses, le bisphénol A à des effets avérés chez l'animal sur sa reproduction, les glandes mammaires ainsi que leur métabolisme, leur cerveau et leur comportement. Ses effets chez l'être humain sont suspectés car plus difficile à démontrer, sur la reproduction, le métabolisme des sucres et des graisses (et donc l'obésité et le diabète) et les pathologies cardiovasculaires.

D'après Patrick Fénichel, le BPA se fixe sur d'autres récepteurs que ceux de l'œstradiol, et qu'il pouvait ainsi agir sur les cellules germinales mâles. Administré à des souris à faibles doses, le BPA altère la fertilité et la production des spermatozoïdes. D'autres risques ont été constatés chez les rongeurs tels que la cancérisation des cellules mammaires, la diminution de la fertilité et de la fécondité, le développement de lésions précancéreuses de la prostate chez les mâles, une puberté précoce des femelles après exposition prénatale, une malformation des ovaires et l'altération du cycle menstruel.

I.2.4.2 Pollution par les métaux lourds

L'évaluation des quantités des métaux lourds est due en grande partie à leur utilisation dans les industries polluantes de chimie, de la métallurgie, de la sidérurgie, du traitement de surfaces, de la fabrication d'accumulateurs au cadmium-nickel, les tanneries, les teintureries, le verre, la photographie, la fabrication et l'utilisation des pesticides, la papeterie, les industries de la peinture, la fabrication de la céramique et dans les explosifs et l'imprimerie, La circulation routière génère des pollutions au plomb et au zinc (DUVERNEUIL, 1997).

Cependant, l'apport de ces métaux lourds dans les matières organiques varie en fonction des catégories qui composent le déchet et en fonction du métal considéré. Leur toxicité varie considérablement d'un métal à l'autre.

Les métaux lourds (mercure, cuivre, cadmium, etc.) constituent un problème préoccupant lorsqu'ils sont impliqués dans la pollution des ressources en eau.

Quelques caractéristiques sur ces effets sont données ci-après:

Le cadmium : le Cadmium est toxique même à faibles concentrations, il s'accumule principalement dans les reins provocants la sécrétion de quantités anormalement élevées de protéines dans les urines (protéinurie) et des affections respiratoires chez l'homme. Il provoque aussi des dommages importants au niveau des reins chez les animaux. L'apport en Cd est généralement lié à la consommation des végétaux (fruits, légumes et céréales) contaminés par un sol pollué par cet élément. En effet, des études ont montré qu'en agriculture, une augmentation de la teneur de Cd dans le sol induit une augmentation dans son assimilation par les plantes.

Le chrome : Le chrome sous forme de Cr (III) il est essentiel à la vie humaine et animale, le chrome hexavalent (VI$^+$) est généralement considéré comme l'un des composés les plus toxiques. Le chrome peut provoquer des cancers (poumons, nez, estomac, intestin) et les dermites.

Le cobalt : le cobalt est peu toxique mais bioaccumulable. Dans les déchets, il provient principalement de l'encre utilisée dans les constituants du papier (emballage papier, brochures, magazines, etc.) et des colorants utilisés dans le textile.

Le cuivre : la toxicité du cuivre se manifeste par des gastro-entérites avec nausées et des irritations intestinales. Dans les OM, il provient des catégories papier et cartons (encre, agrafes, trombone, vernis,...), des textiles (colorants, fermetures, boutons, ...), des métaux (fils électriques, tuyaux, robinet, ...), des spéciaux (aérosols) et éventuellement des fines (agrafes, trombones, boutons, ...).

Le mercure : le risque lié au mercure est principalement dû au méthyle de mercure d'origine alimentaire en particulier provenant du poisson ou des produits dérivés. Il est toxique pour l'homme à faibles concentrations. Son ingestion provoque l'affection de différents organes et notamment le cerveau (mémoire, fonctions sensorielles et de coordination). Comme le plomb, il peut affecter l'enfant, au stade embryonnaire via le placenta, altérant son développement mental. Les principales sources du Hg dans les OM les piles et les batteries.

Le nickel : le nickel provoque des maladies respiratoires, l'asthme, les malformations congénitales, les cancers du nez et des poumons. Outre les métaux, dans les déchets, Ni provient des colorants utilisés dans le textiles, des piles et des aérosols.

Le plomb : la toxicité du plomb se manifeste par des troubles du système nerveux, en particulier chez l'enfant, et l'affection du foie et des reins. On le trouve dans les papiers et cartons (encres d'imprimerie), les combustibles non classés (stabilisants dans les caoutchoucs) et les déchets spéciaux (aérosols), les vernis et peintures.

Le zinc : le zinc est peu toxique. Outre les métaux, ses sources dans les OM sont les catégories de papier carton (encres), de textiles (fermetures et boutons) de textiles sanitaires (crème de soin pour bébé à base d'oxyde de zinc) et les déchets spéciaux (piles, batteries, aérosols).

Enfin d'autres métaux ont été trouvés dans différentes catégories, l'arsenic provient principalement du verre.

Le bore est utilisé dans la fabrication des détergents. Il est présent dans toutes les catégories et son apport provient majoritairement des cartons, plastiques, éléments fins et des putrescibles. Le manganèse provient principalement des déchets spéciaux (piles).

L'aluminium est issu des complexes et des textiles et le molybdène, des plastiques et des métaux.

I.2.4.3 Pollution par les colorants

Les colorants sont visibles dans l'eau même à de très faibles concentrations (< 1 mg L^{-1}). Ils contribuent ainsi, aux problèmes de pollution liés à la génération d'une quantité considérable d'eau usée contenant des colorants résiduels (ZOLLINGER H., 1991).

a- Classification tinctoriale des colorants

La classification tinctoriale des colorants repose sur la nature du groupe auxochrome (Tableau 1), qui détermine le type de la liaison colorant- substrat.

Tableau 1: Classification tinctoriale des colorants

Groupes chromophores	Groupes auxochromes
Azo (N=N-)	Amine primaire (-NH_2)
Nitroso (-N=O)	Amine secondaire (-NHR)
Carbonyle (>C=S)	Amine tertiaire (-NR_2)
Vinyl (-CH=CH-)	Hydroxy (-OH)
Nitro (-NO_2)	Alkoxy (-OR)
Thiocarbonyle (> C=S)	Donneurs d'électrons (-Cl)

Colorants acides ou anioniques

Les colorants acides ou anioniques sont des colorants solubles dans l'eau grâce à leurs groupes sulfonates ou carboxylates.ils permettent de teindre les fibres animales (laine et soie) et quelques fibres acryliques modifiées (nylon, polyamide) en bain légèrement acide. L'affinité (colorant – fibre) est le résultat de liaisons ioniques entre la partie acide sulfonique du colorant et les groupes amino des fibres textiles. Ils appartiennent aux deux plus grandes classes de colorants: azoïques et anthraquinoniques.

Colorants basiques ou cationiques

Les colorants basiques ou cationiques sont des sels de composés organiques présentant des groupes amino ou imino, ce qui leur confère une bonne solubilité dans l'eau. Les liaisons se font entre les sites cationiques des colorants et les sites anioniques des fibres. En passe de disparaître dans la teinture de la laine et de la soie, ces colorants ont bénéficié d'un regain d'intérêt avec l'apparition des fibres acryliques, sur lesquelles ils permettent des nuances très vives et résistantes. Ils appartiennent à des classes différentes telles que les azoïques.

Colorants de cuve

Les colorants de cuve sont des composés insolubles et doivent être transformés en leurs dérivés par réduction alcaline. La teinture se termine par la réoxydation in situ du colorant sous sa forme insoluble initiale. Réputés pour leur bonne résistance aux agents de dégradation, les colorants de cuve comme l'indigo sont utilisés pour la teinture des articles jean ou denim.

Colorants à complexe métallique

Les colorants à complexe métallique appartenant à la classe des colorants azoïques et anthraquinoniques, sont des composés organiques qui présentent des groupes suffisamment voisins pour former des complexes par chélation avec des sels de chrome, de cobalt, de calcium, d'étain, d'aluminium ou de fer.

Colorants réactifs

Les colorants réactifs contiennent des groupes chromophores issus essentiellement des familles azoïques, anthraquinoniques et phtalocyanine. Solubles dans l'eau, ils entrent de plus en plus fréquemment dans la teinture du coton et éventuellement dans celle de la laine et des polyamides.

Colorants développés ou azoïques insolubles

Les colorants développés ou azoïques insolubles sont formés directement sur la fibre. Au cours d'une première étape, le support textile est imprégné d'une solution de naphtol ou copulant. Les précurseurs de la molécule suffisamment petits pour diffuser dans les pores et les fibres sont ensuite traités avec une solution de sel de diazonium qui, par réaction de copulation, entraîne le développement immédiat du colorant azoïque.

b-Toxicité et impact des colorants sur l'environnement

La toxicité engendrée par les colorants a été étudiée par plusieurs travaux de recherche qui ont démontré que les colorants basiques sont les plus toxiques pour les algues (GREENE J.C., 1996).

Par conséquent, la chance de la mortalité humaine due à la toxicité aiguë de colorant est probablement très basse. Cependant, il faut sensibiliser l'être humain quant à l'utilisation de certains colorants. En effet, il a été prouvé que quelques colorants dispersés peuvent causer des réactions allergiques, dermatologiques, etc. (SPECHT K.,et al 1995).

En outre, il s'est avéré que l'augmentation du nombre de cancers de la vessie observés chez des ouvriers de l'industrie textile, est reliée à leur exposition prolongée aux colorants azoïques.

Depuis 1982, des travaux effectués sur les colorants ont démontré les effets cancérigènes des composés azoïques qui s'expriment indirectement par leurs dérivés amines (IARC, 1982). La liaison azo est la portion la plus labile de ces molécules et peut facilement se rompre sous l'action enzymatique (enzyme azo-reductase P 450 (ZOLLINGER, 1987) des organismes mammifères incluant l'homme, pour se transformer en composé aminocancérigène (IARC, 1982 ; EPA, 1998).

La toxicité des azoïques est accrue par la présence de substituants sur le noyau aromatique notamment des groupes nitro ($^-NO_2$) et halogènes (particulièrement Cl). Selon EPA, (1998), l'estimation des risques de cancer impose de fixer une concentration limite de 3,1 mg/L en colorant azoïque dans l'eau potable.

I.3. la pollution des eaux au Maroc

I.3.1. Introduction

Au Maroc, le volume annuel des eaux usées est estimé à 370 Mm^3 (48 % d'entre elles sont déversées dans le réseau hydrographique ou épandus dans le sol, le reste est évacué vers la mer), (CSEC, 1994). L'évolution temporelle des rejets urbains est représentée sur la figure suivante :

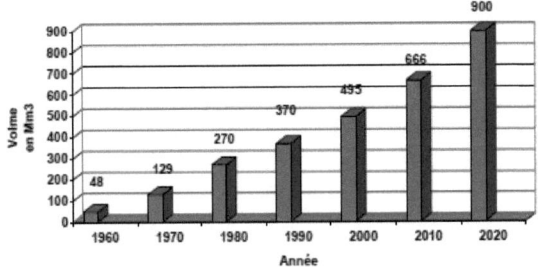

Figure 4 : Evolution des rejets urbains au Maroc

Les principaux facteurs de cette augmentation sont :

L'accroissement de la population urbaine qui augmente à un taux variant de 4,4 à 5%.

L'augmentation du taux de branchement au réseau d'eau potable dans les zones urbaines, est passée de 53 % en 1972 à 79 % en 1993 puis à 85 % en l'an 2000 et enfin à 91% actuellement.

L'augmentation du taux de raccordement au réseau d'assainissement a pu atteindre les 75 % en milieu urbain en 1999.

Le volume des eaux usées produites par la population urbaine est supérieur à 500 millions de m^3 dont uniquement 5% sont épurés, plus de 58 % de celles-ci sont rejetées dans le littoral et le reste dans les oueds et les talwegs sans traitement préalable (Tableau 2).

Tableau 2 : Répartition des eaux usées rejetées selon le milieu récepteur

Milieu récepteur	Volume rejeté en millions de m^3	% pourcentage
Littoral atlantique, méditerranéen	316	57,8
Oueds et Talwegs	230	42,2
Total	546	100

Vers l'année 2020, le volume des eaux usées ne pourra pas encore être totalement mobilisé pour les raisons suivantes :

• Absence de terrains irrigables à l'aval des déversements dans plusieurs centres, notamment les villes côtières.

• Coût d'adduction élevé lorsque le site de leur réutilisation nécessite des frais de pompage et de conduites.

• Disponibilité satisfaisante en eaux conventionnelles.

I.3.2. Normes des rejets liquides industriels:

Le tableau suivant montre les normes des rejets industriels de nombreux pays et du Maroc en particulier.

Tableau 3 : Normes des rejets industriels de nombreux pays et du Maroc ref.

N°	Paramètre	Valeurs Limites Projet Maroc Rejet direct	Valeurs Limites Projet Maroc Rejet indirect	LYDEC Casablanca	Valeurs limites France	Valeurs maximales Algérie	Valeurs maximales Région Wallonne Belgique	Valeurs limites maximales Suisse	Valeurs limites Rejet dans milieux naturels Sénégal	Valeurs maximales autorisées Rejets directs Ouest du Bengale, Inde
1	Température (°C)	30°C	35	30	30	30	30	30		Ne doit pas dépasser de plus de 5°C la température De l'eau réceptrice
2	pH	6,5 – 8,5	6,5 – 8,5	5.5 – 8.5	5,5 – 8.5	5,5 à 8,5	-	6.5-9.0		6.5-9.0
3	MES mg/l	50	600	500	100	30	100	20	40	100
4	Azote Kjeldahl mgN/1	30*	-	150/200	30	40	30		20	
5	Phosphore total P mgP/1	10*	10	-	10	2	10		10	
6	DCO mgO2/1	500*	1000	1200	300	120	300		200	250
7	DBO5 mgO2/1	100*	500	500	100	40	100		50	30 (3 jours à 27°C)
8	Chlore actif Cl mg/l	0,2	-	3.0	-	1.0		1.0		
9	Dioxyde de chlore ClO2 mg/l	0.05	-	-	-					
10	PCB							0.001		
11	Aluminium Al mg/l	10	-	10	-	5.0	5.0			
12	Détergents (anioniques, cationiques et non ioniques) mg/l	3.0	-	-	-	2.0				
13	Conductivité en µs/cm	2700*	-	-	-					
14	Salmonelles /5000 ml	Absence	A éliminer	-	-					
15	Vibrions cholériques/5000ml	Absence	A éliminer	-	-					
16	Cyanures libres (CN) mg/l	0,1	1.0	1.0	0,1	0.1	0.1	0.1	0.2	0.2
17	Sulfures libres (Sl-) mg/l	1.0	1.0	1.0	-					
18	Fluorures (F) mg/l	15	15	10	15		15			2.0
19	Indice de phénols mg/l	0,3	5.0	5.0	0.3	0.5	0.1	0.5	0.5	1.0

N°	Paramètre	Valeurs Limites Projet Maroc Rejet direct	Valeurs Limites Projet Maroc Rejet indirect	LYDEC Casablanca	Valeurs limites France	Valeurs maximales Algérie	Valeurs maximales Région Wallonne Belgique	Valeurs limites maximales Suisse	Valeurs limites Rejet dans milieux naturels Sénégal	Valeurs maximales autorisées Rejets directs Ouest du Bengale, Inde
20	Hydrocarbures mg/l	10	20	-	10	20	15		50	
21	Huiles et graisses mg/l	30	50	-	-	20				10
22	Antimoine (Sb) mg/l	0,3	0.3	-	-					
23	Etain (mg/l)					2.0				
24	Argent (Ag) mg/l	0,1	0,1	0,1	-					
24	Arsenic (As) mg/l	0,1	0,1	1.0	-		0.1		0.3	0.2
25	Baryum (Ba) mg/l	1	1	-	-					
26	Cadmium (Cd) mg/l	0,2	0,2	3.0	0,2	0.2		0.1		0.2
27	Cobalt (Co) mg/l	0.5	1.0	2.0	-					
28	Cuivre total (Cu) mg/l	0.5	1.0	1.0	0.5	3.0	2.0	0.5		3.0
29	Mercure total (Hg) mg/l	0.05	0.05	0,1	0.05	0.01				0.01
30	Plomb total (Pb) mg/l	0.5	0.5	0,1	0.5	1.0	1.0	0.5		0.1
31	Chrome total (Cr) mg/l	2.0	2.0	2.0	0.5					2.0
32	Chrome hexavalent (Cr VI) mg/l	0,2	0,2	0,1	0,1	0.1	0.1	0.1	0.2	0.1
33	Etain total (Sn) mg/l	2.0	2.0	0,1	2.0					
34	Manganèse (Mn) mg/l	1.0	1.0	-	1.0	1.0	2.0			2.0
35	Nickel total (Ni) mg/l	0.5	0.5	1.0	0.5	5.0	5	2.0		3.0
36	Sélénium (Se) mg/l	0,1	1.0	-	-					0.05
37	Zinc total (Zn) mg/l	5.0	5.0	1.0	2.0	5.0	5.0	2.0		5.0
38	Vanadium (V) mg/l									0.2
39	Fer (Fe) mg/l	3.0	3.0	0.5	-	5.0	5.0			3.0
40	AOX	5.0	5.0	-	1.0					

Les effluents liquides d'un établissement industriel ne peuvent généralement pas être rejetés dans le milieu naturel sans avoir subi préalablement un pré-traitement ou un traitement. Les valeurs limites de rejet sont déterminées en fonction de valeurs limites fixées au niveau national et des capacités d'acceptation du milieu récepteur, en l'occurrence le cours d'eau ou la station d'épuration collective. Leurs teneurs en matières organiques et composés chimiques sont imposées dans le cadre de la procédure d'autorisation et de déclaration de certaines installations industrielles dites installations classées pour la protection de l'environnement (ICPE).

I.4. Traitement des effluents industriels

I.4.1. Introduction

Il existe plusieurs procèdes de traitement des effluents industriels qui peuvent être classés selon 4 catégories, physiques, thermiques, biologiques et chimiques.

Le schéma suivant illustre les techniques d'épurations des eaux industrielles :

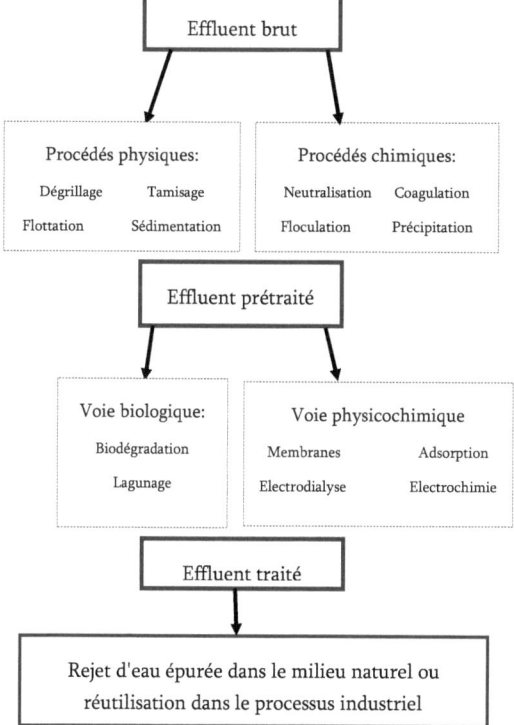

Figure 5: Technique de traitement des rejets industriels (CRINI G.et al)

I.4.2. Modes de traitement des effluents industriels

I.4.2.1 Traitements physiques

Les traitements physiques utilisent des techniques pour séparer les polluants de l'eau à traiter. Ils sont efficaces pour éliminer les solides en suspension, les liquides non miscibles et les polluants organiques dissous.

Nous pouvons citer comme exemple la décantation, la sédimentation, la floculation, la filtration (sur sable ou sur membranes), la flottation, l'extraction, et l'adsorption (TCHOBANOGLOUS et BURTON, 1991).

L'avantage de ce type de traitement est qu'il se base sur des principes simples et donc facilement applicables. Leur inconvénient majeur réside dans le fait qu'il s'agit d'un simple déplacement de la pollution d'un milieu à un autre. Cependant il peut être pallié par un couplage avec un processus de destruction du polluant récupéré.

I.4.2.2 Traitements thermiques

Les traitements thermiques utilisent de hautes températures pour décomposer les molécules organiques en dioxyde de carbone, eau et halogènes. Le procède thermique le plus employé industriellement est l'incinération.

Ces procédés génèrent de fortes dépenses énergétiques et devraient donc être limités au traitement d'effluents fortement concentrés en matière organiques dont la combustion compense au mieux l'énergie de vaporisation de l'eau (N'GUESSAN JOACHIM KROU,2010).

I.4.2.3 Traitements biologiques

Les traitements biologiques sont utilisés pour le traitement secondaire des eaux résiduaires urbaines et industrielles, réalisant la dégradation de contaminants par des microorganismes .Ils comprennent notamment les procédés anaérobies et aérobies (boue activée, lagunage, lit bactérien).Le faible coût des procédés opératoires lié à leur faible consommation énergétique est un grand avantage. De plus ils peuvent détruire la plupart des composes carbones présents sous forme soluble tels que sucres, graisses, protéines, etc... , pour lesquels les procèdes physico-chimiques sont souvent peu efficaces, coûteux ou difficiles à mettre en œuvre (N'GUESSAN JOACHIM KROU, 2010).

I.4.2.4 Traitements chimiques

a-Adsorption

- *Principe de l'adsorption*

L'adsorption est un phénomène physique de fixation de molécules sur la surface d'un solide. Ce phénomène est utilisé pour « récupérer » des molécules de fluides (liquides ou gazeuses) dispersées dans un solvant. L'adsorption est utilisée généralement dans le cas des phases liquides dans le but de les décolorer.

La substance qui se fixe est appelée adsorbat ou soluté. Elle peut être liquide ou gazeuse. Quant à la surface sur laquelle se produit ce phénomène, elle limite généralement une phase condensée (solide) et reçoit le nom d'adsorbant (Figure 6) (ROBERT L., 1989).

On distingue l'adsorption physique et l'adsorption chimique.

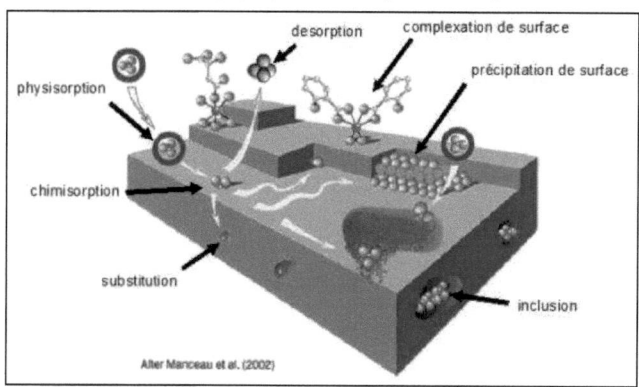

Figure 6: Situation à l'interface solide-fluide.

- *Types d'adsorption*

✓ Adsorption physique

L'adsorption est dite physique lorsque les forces qui fixent l'adsorbat sont de même ordre que les forces de Van der Waals (ROBERT L., 1989) .Elle consiste essentiellement à la condensation des molécules d'adsorbat à la surface d'un solide adsorbant, elle est favorisée par un abaissement de la température (ARDITTI G., 1968).

Ce type d'adsorption est très rapide. Il est caractérisé en outre, par sa réversibilité relativement facile (ROBERT L., 1989).

Le schéma suivant montre l'adsorption physique

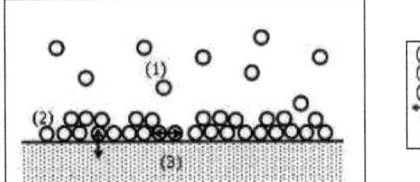

Figure 7: Schéma de l'adsorption physique (LEMAIRE, 2004).

✓ Adsorption chimique

L'adsorption chimique ou la chimisorption est appelée aussi adsorption activée. Elle se caractérise par des forces bien plus intenses que celles de Van der Waals et par conséquent par des liaisons comparables à celles qui relient les atomes entre eux. A ce type de liaison correspond une chaleur d'adsorption environ dix fois plus élevée que dans le cas de l'adsorption physique (STEINBERG M., 1979). La chimisorption est généralement favorisée par une augmentation de la température. C'est ce type d'adsorption qui intervient en catalyse (ROBERT L., 1989).

- *Caractéristiques de l'adsorption en phase liquide*

Le soluté et le solvant s'adsorbent généralement tous les deux simultanément sur le solide. L'influence de la nature du solvant sur l'adsorption se manifeste de diverses façons. C'est ainsi que la fixation sur un même adsorbant d'une substance déterminée, dissoute dans différents solvants, est d'autant plus marquée que sa solubilité est moindre. D'autre part, la quantité de soluté adsorbée sur un solide donné est plus importante en solution aqueuse qu'en solution organique ce qui permet l'élution à l'aide de solvants organiques des solutés adsorbés en solution aqueuse (ARDITTI G., 1968).

- *Structure poreuse*

Un solide poreux peut être défini à partir du volume de substance adsorbée nécessaire pour saturer tous les pores ouverts d'un gramme de ce solide. Un pore ouvert est un pore dont l'accès se situe à la surface du grain, il est donc accessible au fluide. Ce volume poreux, en $cm^3.g^{-1}$, est donc uniquement caractéristique de la porosité ouverte (Figure 8) (N'GUESSAN JOACHIM KROU, 2010). Selon la classification I.U.P.A.C. (International Union of Pure and Applied Chemistry),

Les tailles de pores (Figure 8) sont réparties en 3 groupes :

Les micropores de diamètre inférieur à 2 nm.

Les mésopores de diamètre compris entre 2 et 50 nm.

Les macropores de diamètre supérieur à 50 nm.

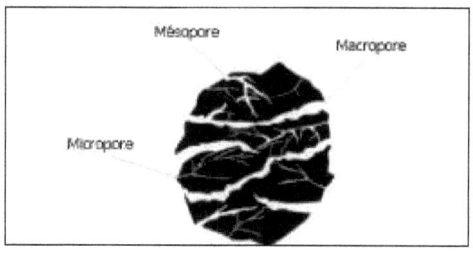

Figure 8: Représentation schématique des différents types de pores.

Chaque type de pore joue un rôle particulier dans les phénomènes d'adsorption. Les macropores permettent au fluide d'accéder à la surface interne de l'adsorbant. Les mésopores favorisent pratiquement le transport de ce fluide et les micropores sont les sites de l'adsorption. Les micropores déterminent à eux seuls la capacité d'adsorption de l'adsorbant : ils représentent presque la totalité de la surface offerte à l'adsorption.

b- Coagulation par adsorption d'ions

L'ajout d'un polymère peut conduire à des phénomènes de dispersion colloïdale, si le polymère s'adsorbe sur les particules. Cette dispersion peut être stabilisée ou déstabilisée, si pendant l'approche des particules les unes des autres, l'interaction entre les polymères adsorbés conduit à une répulsion stérique ou électrostatique suivant le mécanisme dominant. Ces polymères peuvent partiellement recouvrir les particules et former un pont entre deux particules simultanément et entrainer la floculation.

Principe

Certains ions de charges opposées à celle de la particule peuvent ainsi réagir à sa surface, se complexer avec des atomes de sa structure et réduire la charge superficielle à zéro, et même en inverser le signe (BENSAID J., 2009), (ZIDANE F.,2011, 2012).

Les ions métalliques hydrolysables d'aluminium et du fer opèrent de cette manière en formant un précipité floconneux pouvant s'adsorber à la surface des particules colloïdales en diminuant leur potentiel de surface, ceci se produit par :
- Phénomène de pontage ou liaisons inter particulaires par des espèces polymériques du composé synthétique.
- Inclusion dans les suspensions diluées du colloïde dans un précipité d'hydroxydes métalliques provoquant un ennoiement de celui-ci et la précipitation rapide des particules.

La concentration minimale nécessaire pour avoir une vitesse d'agrégation mesurable est plus faible pour les ions chargés (adsorption) que pour les ions indifférents (action purement électrostatique) et dépend de la surface disponible de la particule.

La coagulation peut survenir par adsorption d'ions de la structure ou des produits de leur réaction par l'eau. La partie non adsorbée peut contribuer à la floculation par coagulation électrostatique.

Les particules colloïdales peuvent être déstabilisées par emprisonnement dans un floc. Lorsque le pH de l'eau est neutre ou acide, les molécules d'hydroxyde d'Aluminium constituant le floc sont habituellement de charges positives. Les anions présents dans les particules colloïdales peuvent accélérer la formation de précipités en jouant le rôle de noyaux (BENSAID J., 2009), (ZIDANE F., 2011, 2012).

c- Procédé de coagulation floculation

La coagulation-floculation est un procédé physico-chimique visant la déstabilisation et l'agglomération des particules colloïdales présente dans l'eau.

- *Coagulation*

La coagulation est la première étape dans le traitement physicochimique des eaux, elle a pour but principal la déstabilisation les particules en suspension. Après avoir été déstabilisées, les particules colloïdales ont tendance à s'agglomérer lorsqu'elles entrent en contact les unes avec les autres. Le taux d'agglomération des particules dépend de la probabilité de contacts et de l'efficacité de ces derniers.

✓ Principe de la coagulation

La coagulation-floculation à l'aide de sels de fer ou d'aluminium est un procédé largement utilisé pour l'élimination des particules colloïdales et de la matière organique dissoute (DUAN et GREGORY, 2003).

Les colloïdes possèdent une charge de surface (caractérisée par le potentiel zêta) majoritairement négative et par conséquent les répulsions électrostatiques favorisent un système colloïdal stable à l'origine de la turbidité des eaux du milieu naturel (HOLT et al., 2002 ; DUAN et GREGORY, 2003).

Le colloïde s'entoure d'une double couche :

Une couche fixe ou couche de Stern à la surface immédiate de la particule au coeur de laquelle seuls les ions spécifiquement adsorbés peuvent pénétrer.

Une couche diffuse ou couche de Gouy-Chapman, déformable et mobile, influencée par la force ionique de la solution.

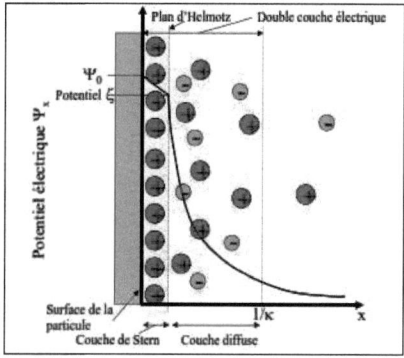

Figure 9: Représentation schématique de la double couche électrique et de l'évolution du potentiel électrique en fonction de la distance à la particule

Les particules colloïdales sont soumises à deux types de force qui conditionnent la stabilité de la suspension : les forces de répulsion liées aux charges superficielles des colloïdes et les forces d'attraction de type Van der Waals liées à la surface spécifique et à la masse des colloïdes ainsi que la nature du milieu.

Dans le cas des eaux naturelles (colloïdes majoritairement chargés négativement), la force de répulsion des colloïdes est supérieure à la force d'attraction créant un système colloïdal stable.

Le rôle du coagulant est la déstabilisation de la suspension colloïdale en pénétrant la double couche pour s'adsorber spécifiquement dans la couche de Stern. Le coagulant cationique, en s'adsorbant spécifiquement augmente le potentiel zêta des particules (initialement négatif) pour le faire tendre vers la valeur zéro et augmente en parallèle la force ionique du milieu, favorisant la compression de la double couche. Par conséquent, la barrière énergétique de répulsion est abaissée et les chances de rencontre entre les particules colloïdales augmentent permettant l'agrégation des colloïdes (coagulation). Dans la théorie de la double couche, une coagulation optimale est définie comme étant l'ajout de réactif permettant l'annulation du potentiel zêta de la particule colloïdale.

La précipitation en solution du coagulant permet ensuite l'entrainement des particules colloïdales si les conditions optimales de pH sont respectées puis la formation de flocs.

✓ Théorie de la double couche électrochimique

Les théories de Helmholtz et de Gouy Chapman ont permis de mettre au point la théorie de la double couche suivant le modèle de STERN.

Lorsqu'on rapproche deux particules colloïdales semblables, leurs couches diffuses interagissent et génèrent une force de répulsion. Pour vaincre cette force on ajoute un électrolyte qui va créer, au sein de l'eau une force ionique plus élevée qui va contribuer à faire diminuer l'épaisseur de la double couche (AOUABED. A., 1991).

Quand l'épaisseur du nuage ionique qui entoure et protège les particules diminue, celles-ci peuvent se rapprocher d'avantage et les forces d'attraction de Van der Waals vont être supérieures aux forces électrostatiques ce qui va favoriser leur agrégation (MATIJEVIC.E, 1973).

La figure 10 représente schématiquement ce mécanisme.

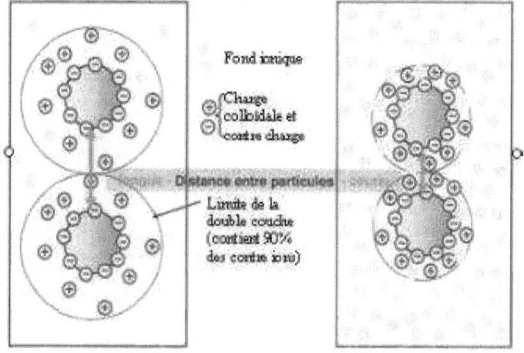

Figure 10 : Représentation schématique de la compression de la couche diffuse.

✓ Adsorption et neutralisation des charges

Le potentiel de la couche diffuse s'abaisse petit à petit avec la diminution des charges jusqu'à s'annuler au sein du liquide dispersant. Entourées de leur propre double couche, les particules peuvent se superposer lors de leur rapprochement. On observe aussi une diminution de la vitesse de migration électrophorétique, il y a alors compression de la double couche vers la surface des particules. Pour une valeur critique du potentiel électrocinétique où la répulsion électrostatique est nulle il y a floculation. Celle-ci a lieu au point isoélectrique et à une vitesse d'électrophorèse nulle. (AMIRTHARAJAH.A., 1990).

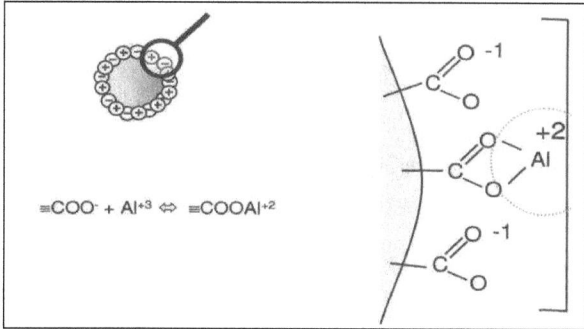

Figure 11 : Représentation schématique de neutralisation des charges.

✓ Emprisonnement des particules dans un précipité

Quand on ajoute des quantités suffisantes de coagulant ($Al_2(SO_4)_3$, ou le $FeCl_3$), il se forme un précipité possédant une charge positive. Le pH de l'eau doit se situer dans une plage ou la solubilité des sels est minimale. Le floc formé entre en contact avec les particules de charge négative et les emprisonne. Les particules sont ensuite entraînées lors de la décantation. La figure 12 montre ce mécanisme.

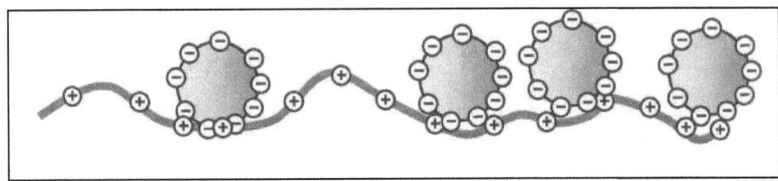

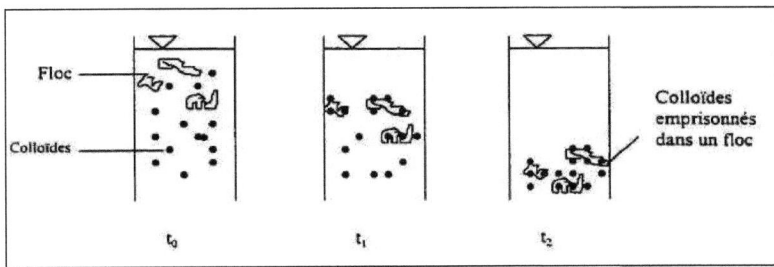

Figure 12 : Emprisonnement des particules dans les flocs pendant la décantation

✓ Facteurs influençant la coagulation

De nombreux facteurs influencent le mécanisme et l'efficacité de la coagulation.

Certains sont liés à la qualité du l'eau à traiter tels que le pH, l'alcalinité, la turbidité, la couleur, la température et les matières organiques. D'autres sont liés au traitement lui-même tels que la nature, la dose du coagulant et le mode d'injection. (HAMMER.M.J, 1986)

- *Influence du pH*

Le pH est la variable la plus importante à prendre en considération au moment de la coagulation. Pour chaque eau, il existe une plage de pH pour laquelle la coagulation est optimale.

Elle est fonction du coagulant utilisé, de la concentration et de la composition de l'eau à traiter. Les flocs sont des précipités d'hydroxydes de métaux. Leur formation et leur stabilité dépendent donc du pH. Les zones de prédominance des hydroxydes de fer et d'aluminium sont présentées dans le tableau suivant :

Tableau 4 : les formes prédominantes des hydroxydes de fer et d'aluminium

Espèce dissoute	pH	
	Fe	Al
$M(H_2O)_6^{+++}$	< 3	< 4.5
$[M(H_2O)_5OH]^{++}$	-	4.8
$[M(H_2O)_4OH_2]^+$	-	5.3
$[M(H_2O)_3OH_3]$	4.5	5.5 -7.5
$[M(H_2O)_2OH_4]^-$	5	9.5
$[M(H_2O)OH_5]^{--}$	> 7	> 10

Le tableau suivant présente les différentes formes hydrolysées de ces deux métaux.

Tableau 5 : Différentes formes hydrolysées du fer et de l'aluminium.

Forme prédominante	pH
$Al(OH)_3$	5,8 à 7,2
$Fe(OH)_3$	5,5 à 8,3

D'après ce tableau les cations M^{z+} en solution aqueuse forment des hydro-complexes avec les molécules d'eau selon la réaction suivante :

$$M^{z+} + n\, H_2O \rightleftharpoons M(H_2O)^{z+}_n \qquad (11)$$

Pour la plupart des cations l'indice de coordination n varie $0 = n = 6$. Dès qu'une molécule d'eau se coordonne à un cation, ses propriétés changent. Le complexe métal/molécules d'eau a tendance à libérer des protons. Ce processus est appelé protolyse ou hydrolyse du complexe (Réaction 12). Le métal cationique M^{z+} attire les électrons de la liaison ⁻OH de H_2O, affaiblit ces liaisons et facilite leur rupture.

$$M(H_2O)^{z+}_n \rightleftharpoons [M(H_2O)_x(OH)_y]^{(z-y)+} \rightleftharpoons [M(OH)_f O_g]^{(z-f-2g)+} \rightleftharpoons MO_n^{(z-2m)+} \qquad (12)$$

Aquo $\qquad$ Hydro-aquo $\qquad\qquad$ Hydroxo-aquo $\qquad\qquad$ Oxo

✓ Influence de la minéralisation :

En règle générale, la minéralisation de l'eau exercent des influences sur la coagulation et la floculation :

- Modification de la plage de pH optimale.
- Modification du temps requis pour la floculation.
- Modification de la quantité de coagulant requis.

- *Influence de la température de l'eau*

Une diminution de la température de l'eau ralentit la cinétique des réactions chimiques et entraîne l'augmentation de la viscosité, c'est ce qui explique les difficultés de décantation du floc. (FRANCESCHI.M, 1991; PENG F.F, et al 1994).

Cette diminution entraine aussi, une augmentation de la concentration en sulfate d'aluminium (alun) à l'optimum de floculation, une décroissance de la taille des flocs et un déplacement du pH optimum de floculation vers les pH basiques.

- *Influence du coagulant*

Le choix du coagulant influence les caractéristiques de la coagulation, même si l'alun reste le coagulant le plus utilisé, il peut être avantageux de le remplacer par un autre coagulant ou de mettre de l'adjuvant selon les caractéristiques de l'eau à traiter. On ne peut choisir un coagulant et en déterminer la concentration optimale qu'après essai au laboratoire vu la complexité du phénomène (SEKIOU F., 2001).

- *Conditions d'agitation:*

Le processus de coagulation floculation se déroule généralement en deux étapes :

Une étape de mise en contact entre l'eau à traiter et le coagulant. Cette étape se déroule généralement sous forte agitation pour neutraliser la charge des particules et d'amorcer le processus de floculation par la formation de microflocs.

La turbidité résiduelle dépend du temps de mélange rapide et pour chaque combinaison de gradient de vitesse et dose du coagulant injecté, il existe un temps de mélange rapide associé au minimum de turbidité (LETTERMAN, 1973).

Une étape d'agitation lente qui assure la mise en contact et la croissance des flocs, Camp et Stein proposent que le critère GT (dit critère de Camp) soit retenu le bon contrôle du bon fonctionnement d'un floculateur 104<GT<105 avec 20<G<60 s^{-1}.

Il existe un maximum pour la taille de floc de l'ordre de 500 µm qui correspond à une valeur de GT = 104 (KELLI A., 1989).

-Pour les faibles valeurs de GT, le mécanisme de croissance prédomine.

-Pour GT>104 le mécanisme de cassage de floc est plus important.

-Plus la valeur de G est grande et plus le cassage du floc est important.

Le cassage de floc est indépendant de la géométrie du floculateur mais dépend en plus de l'énergie d'agitation, de la dimension, de la structure et de l'âge du floc (FRONOIS R.J., 1987).

- *Nature et charges des substances colloïdales*

Les études réalisées sur la coagulation-floculation de suspensions colloïdales affirment qu'il existe une relation stœchiométrique entre la charge des substances colloïdales et le taux de sulfate d'aluminium ajouté (FRANCESCHI .M, 1991)

Dans le cas de coagulation par adsorption-déstabilisation, Il a été montré qu'une relation stœchiométrique entre la surface spécifique et la dose du coagulant (BAZER-BACHI et al, 1990).La structure minéralogique et les propriétés surfaciques des particules affectent la dose du coagulant (LURIE M.).

Dans le cas de la déstabilisation par neutralisation de charge la dose du coagulant est liée à :(DENTEL S.K et al ,1988)

-la solubilité de l'hydrolyse de l'aluminium.

-la densité de charge des particules primaires.

-la surface spécifique des particules primaires.

- *Floculation*

La floculation est l'agrégation des particules déjà déstabilisées, par collisions les unes contre les autres ce qui conduit à la croissance en taille du floc et à la diminution en nombre des particules en solution.

Les principaux agents de floculation sont les polymères minéraux tels que les polymères naturels extraits de substances animales ou végétales et les polymères de synthèse apparus plus récemment et qui ont fait évoluer considérablement les performances de la floculation et la silice activée. Ces derniers sont les plus répandus dans le traitement des eaux ; on parle en général de floculation par les polymères

✓ Les différents types de floculants :

On appelle adjuvants de floculation (ou floculants), des produits utilisés en quantités plus faibles que les réactifs coagulants. Ils modifient nettement le comportement de ces derniers du point de vue de la rapidité de formation des flocs, de leur dimension, leur densité, leur vitesse de sédimentation et leur comportement ultérieur dans les filtres.

Les polyélectrolytes sont des polymères de haut poids moléculaire ayant une structure linéaire qui leur donne la propriété d'être solubles dans l'eau. Ils présentent périodiquement, sur leur chaîne, des groupements chimiques fonctionnels ionisables.

Ces molécules réagissent avec la matière colloïdale dans l'eau par la neutralisation des charges ou par le pontage (enchaînement) des particules individuelles, le but étant de former un précipité ou floc qui soit visible et insoluble. Bien que les polyélectrolytes soient des matériaux organiques synthétiques, il existe une variété infinie de produits d'origine naturelle comme :

-Les dérivés amylacés, les amidons oxydés anioniques, les amidons cationiques traités par des amines et les amidons phosphatés.

-Les polysaccharides : la gomme de caroube et la gomme guar, ils sont non ioniques et donc peu influencés par les variations du pH.

-Les alginates tirés des algues et de caractère fortement anionique, ils sont employés dans le traitement des eaux, leur non-toxicité constitue un grand avantage.

-Les gélatines et les colles animales.

Les polyélectrolytes diffèrent du point de vue chimique par leur taille moléculaire et le caractère ionique de leurs groupements actifs, sont classés en trois catégories:

Les polyélectrolytes anioniques

Ce sont des macromolécules de masse moléculaire élevée (environ 5 millions), portant sur leur chaîne des groupements actifs chargés négativement. Il existe une gamme très importante à partir de structures sulfonique, phosphonique ou carboxylique. Les plus courants sont les copolymères de l'acrylate-acrylamide avec des groupes amides partiellement ionisés sous l'action d'une base.

Les polyélectrolytes cationiques

Ce sont des macromolécules de masse moléculaire faible (250.000 à 1 million), portant sur leur chaîne des charges positives, le groupement actif étant le radical ammonium.

Les plus connus sont les chlorures de polyéthylénimine et de polyvinyle ammonium

Dans les procédés de traitement on utilise différents produits comme la silice, le carbone activé, le trichlorure de fer, l'aluminium dans différent méthode de traitement par exemple la coagulation/floculation, adsorption, oxydation chimique, électrocoagulation, électroxydation, électrofloculation...etc.

Les coagulants sont des produits qui neutralisent les charges de surface des matières colloïdales. Les coagulants principalement utilisés pour déstabiliser les particules colloïdales sont à base de sels d'aluminium ou de fer hydrolysable au pH voisin de la neutralité.

Ces métaux font l'objet de notre étude dans la quelle nous allons préparer des composés synthétiques à bases de fer et/ou d'aluminium dans une solution électrolytique.

I.4.3 Hydrolyse du fer et d'aluminium

a- Répartition des espèces d'hydrolyseés à l'équilibre à base d'aluminium

La coagulation est une étape indispensable avant l'étape de séparation solide liquide par décantation, flottation, filtration, etc. Son rôle est de déstabiliser les particules colloïdales pour les agglomérer. De nombreux travaux ont été consacrés à l'hydrolyse des sels d'aluminium (BAES C.F et al, 1976)

Le pH est un paramètre particulièrement important car il détermine à la fois l'importance des charges des particules (donc leur stabilité) et la précipitation du coagulant.

Mattson a été l'un des premiers à noter que l'ion Al^{3+}, pouvait provoquer une inversion de charge de la suspension à certaines valeurs du pH. Il suggère alors que ce sont les produits d'hydrolyse de l'aluminium qui sont responsables de ce phénomène (KIM H.S, 1983).

En effet, la réaction des sels d'aluminium avec l'eau donne lieu à la formation de différentes espèces dont la charge électrique est fonction du pH dont l'influence est déterminante sur la coagulation. La figure (13), montre que le pH le plus favorable à cette dernière se situe entre 6 et 7,4, domaine qui correspond à l'existence de l'hydroxyde Al $(OH)_3$.

Les courbes suivantes représentent la répartition des espèces monomères ainsi le diagramme de solubilité de l'aluminium en fonction du pH.

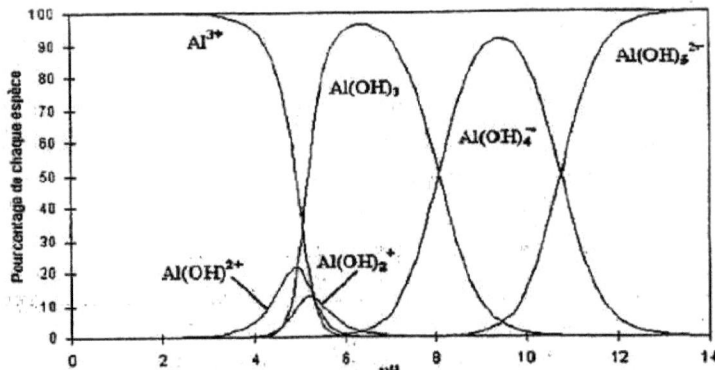

Figure 13 : Diagramme de stabilité des espèces ioniques dérivant de l'hydrolyse des sels d'aluminium.

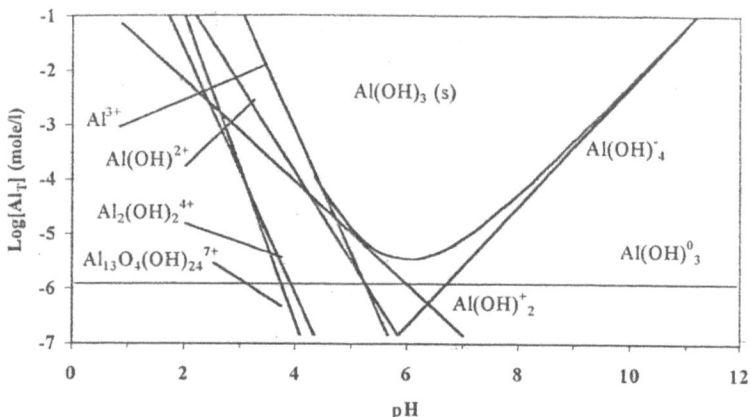

Figure 14 : Diagramme de solubilité dans l'eau de Al(OH)$_3$ à 25°C.

En solution très acide (pH<3), les sels d'aluminium sont dissociés sous forme d'ions hydratés coordonnant 6 molécules d'eau selon la formule Al $(H_2O)_6^{3+}$. Quand on dilue ces coagulants concentrés, on augmente le pH, des réactions d'hydrolyse ont lieu.

Les ions métalliques hydratés libèrent des ions H^+, diminuant ainsi la charge sur les ions métalliques hydratés.

La première étape très rapide (réaction d'hydrolyse) conduit à la formation de monomères. Elle est suivie d'une seconde étape où se produisent des réactions de polymérisation. La troisième étape est la formation de Al $(OH)_3$ solide amorphe puis son lent vieillissement, vers le solide α- Al $(OH)_3(s)$.

Selon Baes (BAES C.F et al, 1976), les espèces hydrolysées existent sous les formes suivantes :

- ✓ cinq monomères d'aluminium (Al^{3+}, $AlOH_2^+$, $Al(OH)^{2+}$, $Al(OH)_3$, $Al(OH)^{4-}$),
- ✓ trois polymères d'aluminium ($Al_2(OH)_2^{4+}$, $Al_3(OH)_4^{5+}$, $Al_{13}O_4(OH)_{24}^{7+}$)
- ✓ un précipité solide d'aluminium (Al $(OH)_3(s)$).

Les réactions d'hydrolyse ou de polymérisation des espèces d'aluminium ci-dessus et leurs constantes d'équilibre à 25°C sont résumées dans le tableau 6.

Tableau 6 : Réactions d'hydrolyse de Al (III) et constantes d'équilibre à 25°C (IDDICK T., 1968).

Réaction	Constante (log K)	Références
$(am)Al(OH)_3(s) + 3H^+ \rightleftarrows Al^{3+} + 3H_2O$	9,15	Sillen et Martell (1971)
$Al^{3+} + H_2O \rightleftarrows AlOH^{2+} + H^+$	-4,97	Baes et Mesmer (1976)
$Al^{3+} + 2H_2O \rightarrow Al(OH)_2^+ + 2H^+$	-9,30	Stumm et Morgan (1981)
$Al^{3+} + 3H_2O \rightleftarrows Al(OH)_3^0 + 3H^+$	-15,0	Stumm et Morgan (1981)
$Al^{3+} + 4H_2O \rightleftarrows Al(OH)_4^- + 4H^+$	-21,7	Sillen et Martell (1971)
$2Al^{3+} + 2H_2O \rightarrow Al_2(OH)_2^{4+} + 2H^+$	-7,70	Baes et Mesmer (1976)
$3Al^{3+} + 4H_2O \rightarrow Al_3(OH)_4^{5+} + 4H^+$	-18,9	Baes et Mesmer (1976)
$13Al^{3+} + 28H_2O \rightleftarrows Al_{13}O_4(OH)_{24}^{7+} + 32H^+$	-98,7	Baes et Mesmer (1976)

D'après certains chercheurs, il existe d'autres polymères à base d'aluminium, par exemple :

L'existences de $Al_2(OH)_2^{4+}$ et $Al_{13}O_4(OH)_{24}^{7+}$ est confirmé par cristallographie à rayon-X (JOHANSSON, 1960) et par résonance magnétique nucléaire (BOTTERO J.K. et al, 1980).

La formation des monomères par réactions d'hydrolyse est très rapide (de l'ordre de 10^{-10} à 10^{-4} s), et les dimères se forment en une seconde environ (HANH.H.H et al ,1968) et le précipité peut se former en un à sept secondes (AMIRTHARADJAH A. et al, 1982).

La vitesse de formation de $Al(OH)_3(s)$ est fonction du pH et de la concentration en espèces solubles (SEKIOU.F,2001), (BENSAID J., 2009), (ZIDANE F.,2011, 2012). et la formation de polymère $Al_{13}O_4(OH)_{24}^{7+}$ dépend de plusieurs conditions : température élevée, ajout et mélange spécifiques de la base, temps long de mise en réserve (DEMPSEY B.A et al,1984).

b- Répartition des espèces hydrolysées à l'équilibre à base de fer

En général, les composés du fer semblent avoir de légers avantages comparativement aux autres espèces hydrolysées, du fait que le floc formé soit lourd et se dépose facilement sous des conditions favorables (JAMES.G.V, 1971).

Les courbes suivantes illustrent la répartition molaire et la concentration du Fe(II) en fonction du pH

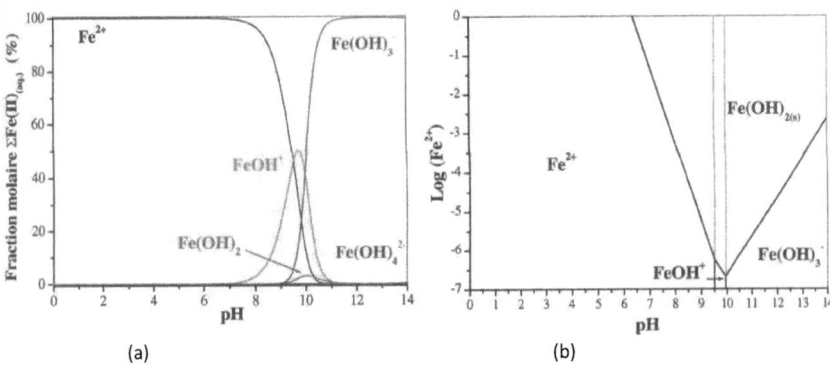

Figure 15 : Répartition molaire du fer (II) en fonction du pH (a) et de la concentration en fer (II) total (b) eau pure et à conditions standards (NEFF D., 2003).

D'après la figure 15a, on constate que dans le milieu acide jusqu'à un pH de 9, le caractère prédominent est le fer ferreux (Fe^{2+}).

Dans le milieu alcalin apparaissent les complexes $FeOH^+$, $Fe(OH)_2$, $Fe(OH)_4^{2-}$ et $Fe(OH)_3^-$, la répartition du fer (II) ne présente par ailleurs pas de changement notable avec l'augmentation de la teneur en fer en solution et précipite sous forme de Fe(OH)$_2$(s) dans les milieux alcalins.

Les courbes suivantes illustrent la répartition molaire et la concentration du Fe (III) en fonction du pH

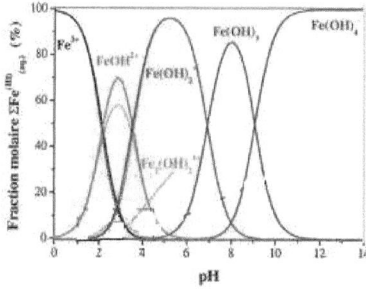 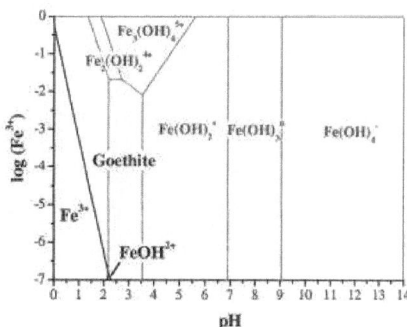

Figure 16: Répartition molaire du fer (II) en fonction du pH (a) et de la concentration en fer (II) total (b) en eau pure et en conditions standards (NEFF D., 2003).

La composition des espèces dans une solution d'un sel ferrique dépend principalement du pH, de la concentration, de la température mais aussi dans une moindre mesure d'autre facteurs.

L'hydrolyse d'un sel ferrique mène à la formation d'espèces monomériques, dimériques et aussi à de petits complexes polymériques, après la dissociation de sel ferrique hydraté, Fe(H$_2$O)$_6^{3+}$ les réactions d'hydrolyse s'écrivent (SNOEYINK et JENKINS,1980):

$$Fe^{3+} + H_2O \rightarrow Fe(OH)^{2+} + H^+ \qquad (6)$$

$$Fe(OH)^{2+} + H_2O \rightarrow Fe(OH)_2^+ + H^+ \qquad (7)$$

$$Fe(OH)_2^+ + H_2O \rightarrow Fe(OH)_3^0 + H^+ \qquad (8)$$

$$Fe(OH)_3 + H_2O \rightarrow Fe(OH)_4^- + H^+ \qquad (9)$$

Pour que la coagulation par les sels ferriques s'effectue correctement, il faut que le pH soit supérieur à 5,5 ou 6. Aucune redissolution de l'hydroxyde, Fe(OH)$_3$, n'est à craindre aux pH élevés (TRICHET F.,1985). La figure 16, montre clairement les différents domaines de pH correspondant à la stabilité des différents produits d'hydrolyse.

En coagulation floculation, le cation métallique (ici Fe^{3+}) est introduit sous forme de sel dissous. Dès sa mise en solution, il s'hydrate en $Fe(H_2O)_6^{3+}$ puis s'hydrolyse pour former différents complexes monomères, dimères ou trimères selon le pH de la solution, majoritairement chargés positivement (LEFEBVRE et LEGUBE, 1990 ; DUAN et GREGORY, 2003) : $Fe(OH)^{2+}$, $Fe(OH)_2^+$, $Fe_2(OH)_4^{2+}$, $Fe_3(OH)_4^{5+}$, $Fe(OH)_4^-$.

L'augmentation du pH entraîne la présence d'espèce monomère divalentes puis monovalentes et enfin de l'hydroxyde de fer non chargé. La solubilité de cet hydroxyde est faible et un précipité amorphe se forme pour des valeurs de pH neutres. Avec l'augmentation du pH, les espèces anioniques prédominent. Les espèces dimères et trimères n'influencent pas la spéciation du fer en solution diluée (Duan & Gregory, 2003).

$$Fe^{3+} \rightarrow Fe(OH)^{2+} \rightarrow Fe(OH)_2^+ \rightarrow Fe(OH)_3 \rightarrow Fe(OH)_4^- \quad (13)$$

Les mécanismes prédominant lors de la coagulation sont donc la neutralisation des charges puis l'adsorption des colloïdes neutralisés ou des espèces solubles sur un précipité d'hydroxyde de fer (ZIDANE F., 2012). ou la coagulation par entraînement (DENNETT et al., 1996 ; DUAN et GREGORY, 2003).

Cette dernière se produit pour de plus fortes doses de coagulant que la simple neutralisation et conduit à l'élimination de l'espèce par incorporation dans le précipité solide d'hydroxyde métallique. En raison d'un surdosage en coagulant, la solubilité dans l'eau de l'espèce métallique est fortement dépassée conduisant à la formation immédiate de grande quantité de précipités d'hydroxydes métalliques. De ce fait, l'espèce polluante dissoute est éliminée par adsorption à la surface du précipité d'hydroxyde métallique et les espèces colloïdales et particulaires sont éliminées par piégeage dans la masse de précipité. Ce mécanisme peut améliorer pour certaines espèces, l'élimination des particules colloïdales par rapport à la simple neutralisation/précipitation (DUAN et GREGORY, 2003).

Les deux principaux paramètres régulant la coagulation floculation sont le pH de la suspension traitée et la dose de fer utilisée.

Les conditions optimales de coagulation floculation pour le fer peuvent être théoriquement déterminées à l'aide du diagramme de distribution des zones de coagulation ou diagramme d'Amirtharajah (1988) (Figure 17).

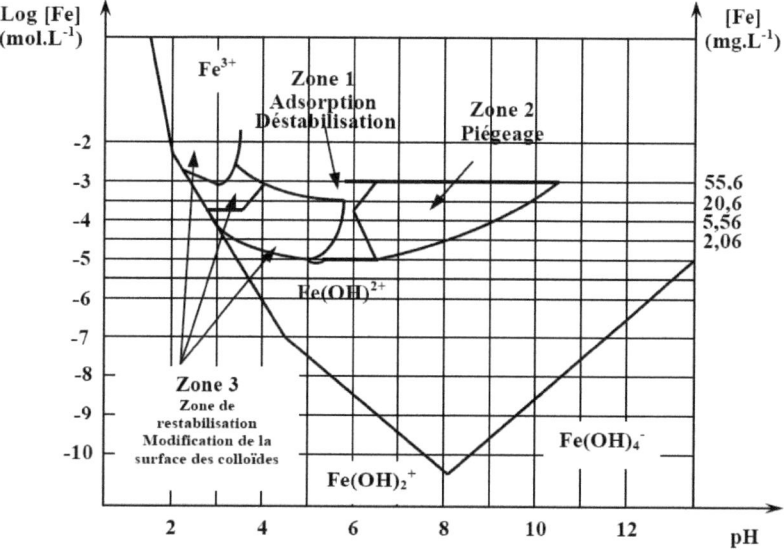

Figure 17 : Diagramme de coagulation au chlorure ferrique d'après Amirtharajah & Mills(1982) et Amirtharajah (1988)

Trois zones principales peuvent alors être distinguées:

- Une première zone correspond à la zone de floculation par neutralisation, déstabilisation, adsorption et précipitation des colloïdes. Dans cette zone de pH, les espèces cationiques du fer prédominent et la coagulation floculation est optimale.

- Une deuxième zone où la coagulation floculation des colloïdes se réalise plutôt par piégeage dans des hydroxydes de fer peu solubles ($Fe(OH)_3(s)$) : la coagulation par entraînement. Les colloïdes sont alors généralement correctement éliminés mais de façon moins efficace que dans la zone précédente.

- Une troisième zone où la surface des colloïdes est modifiée jusqu'à inverser le potentiel zêta des particules, ce qui peut entraîner une restabilisation de ces derniers ou une redéstabilisation des flocs formés. La coagulation floculation n'est plus efficace dans cette zone de pH et de concentration en fer.

I.4.4 Electrocoagulation

a- *Origine et évolution du procédé d'électrocoagulation*

Les premiers travaux sur l'électrocoagulation ont été rapportés par Webster, il utilisa des électrodes de fer pour favoriser la floculation dans l'eau de mer, source des chlorures. Ceux-ci étaient supposés former de l'acide hypochloreux, agent de désinfection, par oxydation (HARRIES J.T. ,1909).

En 1946, Stuart mit au point un réacteur muni d'électrodes d'aluminium, pour éliminer la couleur d'une eau destinée à la consommation. Il montra que le phénomène de coagulation était plus rapide avec le procédé électrochimique. Les résultats élaborés par Stuart et al. furent utilisés par Bonilla pour démontrer que pour des installations de petite taille, l'électrocoagulation était économiquement plus compétitive que le processus chimique classique (STUART F.E., 1946).

Plusieurs chercheurs ont alors appliqué l'électrocoagulation à différents types d'effluents selon leurs caractéristiques. Holden étudia la possibilité de traiter des eaux de surface pour la production d'eau potable en utilisant des électrodes de fer (HOLDEN W.S, 1956).

En 1963, Foyn utilisa des électrodes de Magnésium et de l'eau de mer pour désinfecter des eaux usées par électrocoagulation. Les ions chlorures contenues dans l'eau de mer sont oxydes à l'anode en ions hypochloreux.Les particules colloïdales étant adsorbés sur le précipité de $Mg(OH)_2$, les bulles d'hydrogène formées par réduction de l'eau à la cathode participent alors à l'électroflottation des particules adsorbées (BECK E.G, 1974).

En 1974, Beck et al utilisèrent l'électrocoagulation pour traiter des effluents d'industrie agroalimentaire. Ils font alors une comparaison entre ce procédé et la floculation classique, utilisant du sulfate ferrique (200 ppm), du $CaCl_2$ (50ppm) et des polymères anioniques (2 ppm). Ils remarquent que les flocs sont plus compacts au bout de 3 à 10 min que ceux obtenus par la floculation classique au bout de 10 à 20 min, et que le coût de l'opération dans l'électrocoagulation est réduit de moitié par rapport au procédé classique (STROKACH P.E, 1975).

En 1975, Strokack évoque les travaux effectués en URSS pour la décontamination d'eaux usées et leur réutilisation en agriculture (STROKACH P.E, 1975).

Naomi et al étudièrent la faisabilité économique de l'électrocoagulation à courant alternatif. Celle-ci permet l'utilisation de faibles concentrations d'aluminium sous forme d'hydroxydes (30 mg/l) donc non toxiques dans le milieu. Elle permet aussi la réduction du Cu, Zn, Cr, F, des MES et phosphates sous certaines conditions de pH. Le traitement ne nécessite, par ailleurs, aucune addition de polymères, mais une bonne filtration (NAOMI et al, 1993).

Jorge Ibanez et al utilisèrent un système à 2 électrodes l'une en acier et l'autre en fer pour adsorber des molécules d'huile sur l'hydroxyde de fer (IBANEZ J.G et al, 1998).

L'utilisation de tensioactifs tels que le Triton X et le Tween 80 permet de piéger les molécules d'huiles et de favoriser l'élimination de celles-ci grâce à leur remontée à la surface de l'eau.

Desfontaines B. et al utilisèrent les techniques d'électrocoagulation pour l'élimination des eaux de pollution dans les teintureries, en utilisant un réacteur à écoulement siphoïde et des électrodes solubles en fer. Dans cette étude les auteurs font un lien quantitatif entre la cinétique de dissolution d'ordre 0 et l'hydrodynamique du réacteur, montrant que l'électrocoagulation permet de limiter les quantités de réactifs utilisés et la consommation énergétique avec un abattement important des matières en suspensions et de la turbidité et une réutilisation de l'eau dans le cycle de production (DEFFONTAINES S., 2001).

Picard et AL. ont étudié la dissolution cathodique de l'aluminium dans le procédé d'électrocoagulation en utilisant un réacteur séparé en 2 compartiments, l'un contenant une électrode en acier (cathode) et l'autre une électrode en Al (anode). Ils montrèrent que le dégagement d'H_2 correspond à celui prévu par la loi de Faraday, par contre lorsque l'électrode en acier est remplacée par une électrode en Al la formation et d'H_2 est beaucoup plus grande que dans le 1er cas. Il explique ceci par deux phénomènes, d'une part la réduction de l'eau à la cathode, d'autre part la réduction chimique expliquant ainsi la dissolution de l'électrode (PICARD et al.).

Xueming Chen et al utilisèrent le procédé d'électrocoagulation pour éliminer des huiles et graisses des restaurants. Les électrodes utilisées sont en aluminium ou fer du fait de leur faible coût, 90% des polluants sont éliminés à partir d'une charge polluante de départ de 1500 mg/l. Avec l'aluminium l'eau est claire, tandis qu'avec le fer l'eau récupérée est verte puis jaune et turbide contenant des ions Fe^{2+}, Fe^{3+}. Fe^{2+} est très soluble à pH acide peut être oxydé en Fe^{3+} qui existe sous forme de particules jaunes de $Fe(OH)_3$ (XUEMING CHEN et al,1999).

L'aluminium étant donc préférable au fer, la plupart des auteurs entreprendront toutes les réactions avec l'aluminium. Le maximum d'abattement de la DCO est observé à pH 7, l'effet de celui-ci n'est pas significatif entre 3 et 10, et les résultats sont moins intéressants au-delà d'un pH de 10 (BENSAID J., 2009), (ZIDANE F., 2011, 2012)..

En effet les abattements obtenus ne vont pas au-delà de 72% du fait de la présence des composés organiques dissous. L'électrocoagulation est efficace pour les huiles et graisses, et l'est moins pour les matières organiques dissoutes. On remarque une diminution de pH au delà de la valeur 9 et une augmentation de celui pour les faibles valeurs. En d'autres termes, l'électrocoagulation joue le rôle de régulateur de pH. L'auteur explique cette augmentation par le fait que les ions présents en solution tels que Cl^-, SO_4^{2-}, HCO_3^-, NO_3^- …. s'échangent avec les OH^- de $Al(OH)_3$ libérant ces derniers et entrainant une augmentation de pH. Aux pH élevés Ca^{2+} et Mg^{2+} présents dans l'eau co-précipite avec $Al(OH)_3$) et le pH diminue.

b-Príncipe de l'électrocoagulation

L'électrocoagulation est une technique de séparation alternative à la coagulation floculation qui permet la formation des cations métalliques in situ par électrodissolution d'anodes métalliques solubles, lors du passage du courant.

Il s'ensuit une concentration des espèces colloïdales dans la région proche de l'anode. Les cations coagulants et les hydroxydes métalliques vont alors « interagir » avec les particules colloïdales chargées négativement et permettre la neutralisation de leur charge et leur coagulation.

L'application du procédé est alors rendue possible par l'utilisation d'anodes dont la solubilisation électrolytique entraîne la coagulation. De plus, la floculation est favorisée par la mise en mouvement des particules colloïdales sous l'action du champ électrique. (PERSIN et RUMEAU, 1989 ; MOLLAH et al., 2004).

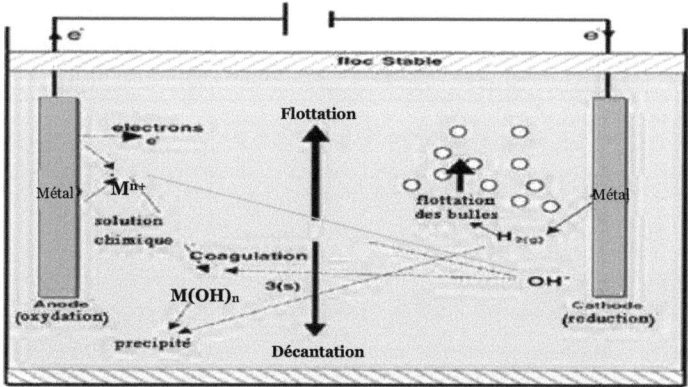

Figure 18: Schéma de la cellule électrolytique à deux électrodes

Ce procédé est donc caractérisé par l'action d'un champ électrique ayant pour effet de mettre en mouvement les particules colloïdales chargées. Cependant, contrairement à l'agitation mécanique intervenant au cours du procédé de coagulation floculation, les particules mises prioritairement en mouvement au cours de l'électrocoagulation sont les particules les plus petites et les plus chargées.

Les principales réactions mises en jeu pour des électrodes en fer soumises à un courant continu sont les suivantes :

_ A l'anode, le métal est oxydé suivant la réaction:

$$Fe \longrightarrow Fe^{2+} + 2e^- \quad (14)$$

Les cations Fe^{2+} ainsi formés ne restent pas en solution et réagissent avec l'eau pour former les hydroxydes ferreux (si d'autres espèces ne consomment pas le fer) :

$$Fe^{2+} + 2\,H_2O \longrightarrow Fe(OH)_{2(s)} + 2\,H^+ \quad (15)$$

Le fer ferreux peut également facilement être oxydé en fer ferrique dans la solution pour conduire alors à la formation d'hydroxydes ferriques :

$$4\,Fe^{2+} + 10\,H_2O + O_2 \longrightarrow 4\,Fe(OH)_{3(s)} + 8\,H^+ \quad (16)$$

Selon Matteson et al. (1995), une réaction d'oxydation de l'eau peut également survenir à l'anode, fonction de la densité de courant et des conditions du milieu :

$$2\ H_2O \longrightarrow 4\ H^+ + O_2 + 4e^- \quad (17)$$

A la cathode, la réaction principale est la réduction de l'eau :

$$2\ H_2O + 2\ e^- \longrightarrow 2\ OH^- + H_2 \quad (18)$$

I.4.1.5.2 Principales lois de l'électrolyse

Une des principales lois explicitant les réactions d'électrocoagulation est la seconde loi de Faraday. Elle montre que la quantité d'ions métalliques dissous par oxydation anodique est proportionnelle à l'intensité imposée et à la durée d'électrolyse mais inversement proportionnelle à la valence de l'ion formé (VIK et al., 1984 ; PRETORIUS et al., 1991). Ottewill & Walsh (1995) expriment la seconde loi de Faraday relative à une électrode comme:

$$m_{théorique} = \frac{M}{n} \times \frac{I.t}{F}$$

Avec mthéorique : masse théoriquement dissoute (g)

M : masse molaire de l'ion considéré (g.mol^{-1})

n : Nombre d'électrons mis en jeu dans la réaction considérée

I : Intensité imposée aux bornes des électrodes (A)

t : durée d'électrolyse (s)

F : constante de Faraday = 96485,3 C.mol^{-1}

Selon Groterud & Smoczynski (1986) et Prétorius *et al.*(1991), le rendement Faradique (RF) est de 100 % pour des électrodes en fer. En revanche, Lewandowski (1977) et Cañizares *et al.* (2005) avancent qu'en raison d'une dissolution chimique, ce rendement dans le cas des électrodes en aluminium est supérieur à 100 %. La masse perdue par des électrodes en aluminium lorsqu'elles sont soumises à un courant continu est de 1,15 à 1,20 fois plus importante que celle prévue par la loi de Faraday (Chen *et al.*, 2000a et b). Picard (2000) confirme ce rendement d'environ 120 %.

La loi de Faraday s'applique à toutes les réactions électrochimiques mais la quantité dissoute dépend également du nombre d'électrodes et du mode de connexion. Selon Papp (1994), il existe plusieurs modes de connexion : le mode monopolaire série, le mode monopolaire parallèle et le mode bipolaire série. Brett (1993) conseillent d'utiliser le mode bipolaire série car il ne nécessite que deux connexions électriques quelquesoit le nombre d'électrodes. Ce mode de connexion permet de travailler à de faibles densités de courant et de générer de manière plus efficace et plus rapide les espèces coagulantes (MAMERI et al., 1998 ;KOBYA et al., 2003).Etudiant l'influence du mode de connexion des électrodes sur l'élimination du fluorure, ils optent pour un mode de connexion bipolaire série permettant d'améliorer l'élimination pour une durée de traitement plus faible.

I.5 Composition de l'eau de mer

I.5.1. Introduction

L'eau de mer fusionne l'eau salée des mers et des océans à la surface de la terre. Elles occupent 97 % de la capacité totale des grands réservoirs d'eau à la surface de la terre (volume estimé à 1340 millions de km^3). L'existence des sels dans l'eau de mer modifie les caractéristiques de l'eau de mer et constituée d'un ensemble complexe d'espèces inorganiques et organiques.

I.5.2. Composition de l'eau de mer

I.5.2.1 Espèces inorganiques

a-Constituants majeurs

L'eau de mer est composée d'eau et de sels, ainsi que de diverses substances en faible quantité. Si plus des deux tiers des 94 éléments chimiques naturels sont présents dans l'eau de mer, la plupart le sont en faible quantité et difficilement décelable.

Dans le tableau 7 sont regroupés les constituants principaux de cette dernière qui en pratique, sont présents à une concentration supérieure à 1 mg.kg.

Tableau 7 : Concentration des éléments majeurs présents dans une eau de mer de salinité 35,000 mg.kg^{-1} (COPIN-MONTEGUT, 1996)

Constituants	Concentration (mg.kg^{-1})
Na$^+$	10770
Mg^{2+}	1290
Ca^{2+}	412,1
K$^+$	399
Sr^{2+}	7,9
B$_{totale}$	4,5
Cl$^-$	19354
SO$_4^{2-}$	2712
HCO$_3^-$; CO$_3^{(2-)}$	118-146
Br$^-$	67,3
F$^-$	1,3

D'après le tableau 7 on remarque que :
• L'ensemble des éléments cités représente plus de 99,9 % de la masse totale de substances dissoutes dans l'eau de mer.
• Le bore est sous forme d'acide borique B(OH)$_3$, acide faible dont le degré de dissociation est dépendant des variations naturelles du pH, mais la somme de l'acide borique avec le borate est constante.
• Plus de 95% du carbone se trouve dans l'océan sous forme de carbone inorganique dissous (DIC) ou CO$_2$ total (TCO$_2$).
Les bicarbonates (HCO$_3^-$) constituent environ 90% de TCO$_2$, les carbonates (CO$_3^{2-}$), 9%, le dioxyde de carbone (CO$_2$), 1%, et l'acide carbonique (H$_2$CO$_3$) les 0.001% restants. Ces proportions relatives sont assez variables, et TCO$_2$ varie dans l'océan mondial de 1850 à 2300 µmol kg-1.
• La masse totale des éléments prise en compte atteint 35,15 g.kg^{-1} environ, alors que la salinité nominale est 35,000 mg.kg^{-1}. De même, la teneur en chlore est de 19,354 g.kg^{-1}.

b- Les éléments traces métalliques
Le tableau 8 présente les principaux éléments traces métalliques dans l'eau de mer.

Tableau 8 : Concentration moyenne des principaux éléments traces métalliques présents dans une eau de mer (Brown et al., 1997)

Constituant	Concentration ($*10^{-3}$ mg.kg^{-1})
Titane,Ti	1
Zinc,Zn	0,5
Nickel,Ni	0,48
Aluminium,Al	0,4
Chrome,Cr	0,3
Cadmium,Cd	0,1
Cuivre,Cu	0,1
Fer,Fe	0,055
Manganèse,Mn	0,03
Plombe,Pb	0,002
Mercure,Hg	0,001

b- Les éléments nutritifs

Le carbone est un élément essentiel à la vie sur terre. Cependant, du fait de la prédominance du dioxyde de carbone parmi les gaz dissous, les éléments nutritifs comprend donc principalement le nitrate (NO_3^-) et l'ammoniac (NH_4^+), le phosphore sous forme phosphate (PO_4^{3-}) et le silicium tel que la silice (SiO_2).

Le tableau 9 présente les teneurs moyennes en éléments nutritifs dans l'eau de mer.

Tableau 9 : Principaux éléments nutritifs dans l'eau de mer (Brown et al., 1997)

Eléments nutritifs	Espèces dissoutes possibles	Concentration (mg kg-1)
Azote	N_2, NO_3^-, NH_4^+	11,5
Silicium	$Si(OH)_4$	2
Phosphore	HPO_4^{2-}, PO_4^{3-}, $H_2PO_4^-$	0,06

I.5.3 Matières organiques

L'origine des matières organiques dissoutes est principalement la production biologique par des planctons et des bactéries. De plus, la concentration de la matière organique dissoute dépend de la profondeur de l'eau. La matière organique dissoute présente dans l'eau de mer est essentiellement composée d'hydrate de carbone sous forme de polysaccharide, biodégradable. L'eau de mer contient aussi des éléments nutritifs utilisables pour un développement de micro-organismes.

Le carbone organique sur terre dans l'océan est le réservoir principal qui contient environ 10^{18} g de carbone (HEDGES, 1992). La plupart du carbone organique dans l'océan est sous la forme de matière organique dissoute et principalement de molécules à faible poids moléculaire. Environ 75 % du carbone organique dissous est de la matière organique dissoute de faible poids moléculaire. La figure 19 donne une représentation très schématique et simplifiée de la gamme de taille et des types de matières organiques dans l'eau de mer. La concentration des matières organiques dissoutes et particulaires dépend de la profondeur de l'océan : l'eau de mer surfacique a une concentration plus élevée que l'eau en profondeur (Benner et al, 1997, McCarthy et al., 1996).

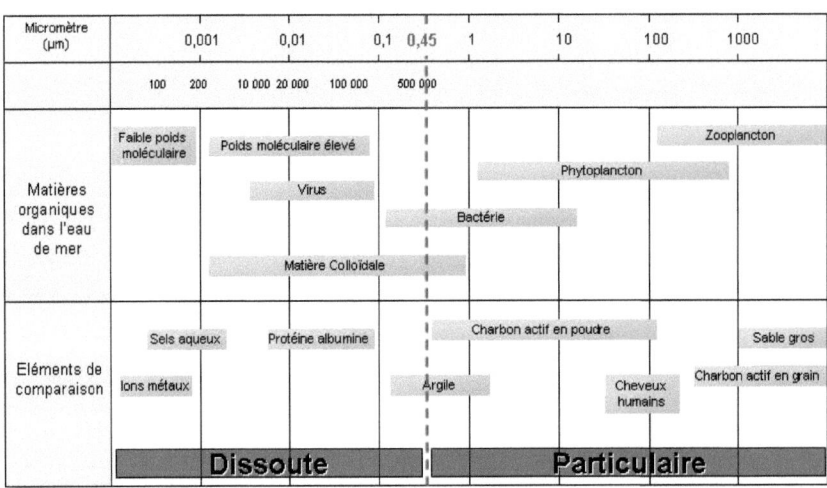

Figure 19 : Schéma de la taille des matières organiques dans l'eau de mer ref

La matière organique dissoute (MOD) est un mélange complexe de molécules d'origines diverses trouvées dans l'eau de mer. La concentration de chaque molécule est très faible, mais on peut trouver dix milliers de molécules différentes dans l'eau de mer. Grâce au grand volume des océans, ceux-ci sont considérés comme un réservoir majeur des matières organiques non vivantes. La quantité de matière organique dissoute dans l'océan est de 685×1015 g de C (HANSELL et CARLSON, 2001).

I.5.3 Conclusion

On peut ainsi conclure, d'après la littérature qu'une eau de mer est composée à plus de 99,9 % en masse d'éléments inorganiques, dont principalement le chlorure et le sodium. La matière organique représente moins de 0,1 % de la masse totale (Figure 19). La plupart des matières organiques marines (environ 75 %) sont sous forme de carbone organique dissous de faible poids moléculaire.

Dans cette partie, nous avons défini et indiqué les différents types, origines et caractéristiques des eaux polluées et les différentes méthodes de traitement de ces dernières et en particulier les méthodes de traitement dans lesquelles le fer et l'aluminium sont exploités qui vont être ensuite utilisés pour synthétiser des composés à base du fer, aluminium, fer/aluminium ou bien dépolluer des eaux contaminées par un colorant synthétique qui vont être décrites dans la partie expérimentale.

SYNTHESE ET OBJECTIFS DE LA THÈSE

Dans la partie bibliographique, on a pu constater l'intérêt primordial de l'eau, comme principal constituant des êtres vivants. Sa disponibilité ainsi que son abondance jouent un rôle fondamental dans le développement des espèces et sur l'environnement.

La pollution des eaux naturelles a augmenté d'une manière importante ces dernières décennies, rendant l'eau de plus en plus chargée en matières difficilement éliminables.

Les effluents industriels se déversant dans les cours d'eaux, les lacs ou les nappes, l'eau se retrouve ainsi polluée, engendrant ainsi des rejets très colorés, de forte variation de pH et de demande chimique en oxygène. Ces industries représentent ainsi un problème environnemental important.

Le présent travail se propose d'étudier l'élimination des matières organiques (MO), matières colorantes et des éléments toxiques grâce au procédé de coagulation par adsorption sur des coagulants synthétisés par électrocoagulation en utilisant l'eau de mer comme électrolyte support a différentes concentrations.

L'objet de notre étude, consiste ainsi à faire une étude de l'efficacité des coagulants à base de fer, d'aluminium et de fer/aluminium préparés par électrocoagulation, dans différentes solutions polluées par des colorants synthétiques tels que le trypan bleu et le potassuim indigo trisulfonate, par des matières organiques tels que l'acide oxalique et le bisphénol, par des élément toxiques sous forme de sulfate de chrome et de trioxyde de chrome, ou bien par le mélange de toutes les substances cités ci- dessus.

La première étape de ce travail a consisté tout d'abord à préparer des composés à base de fer, d'aluminium et de fer/aluminium par électrocoagulation, dans différentes dilutions d'eau de mer utilisée comme électrolyte support.

Ces coagulants ont ensuite été analysés par différentes méthodes afin de mettre en évidence les différentes phases cristallines qui les composent par diffraction des rayons X (DRX). Leurs pourcentages en éléments inorganiques sont déterminés par plasma à couplage inductifs (ICP), la taille de leurs particules colloïdales par zétaphoréméta et celle des grains par granulométrie laser. Ces coagulants ont par la suite été testés sur différentes solutions polluées par des colorants, des matières organiques, des éléments toxiques ainsi que des solutions contenant différents polluants.

CHAPITRE II
MATÉRIELS ET MÉTHODES

Chapitre II : MATÉRIELS ET MÉTHODES

Dans ce chapitre, nous allons tout d'abord rappeler les différentes étapes composant la synthèse des coagulants à base aluminium A(E1), A(E2), A(E3) et A(E4), de fer F(E1), F(E2), F(E3) et F(E4) et de fer/aluminium AF(E1), AF(E2), AF(E3) et AF(E4), à différentes concentrations d'eau de mer (E1, E2, E3 et E4) puis les différentes méthodes d'analyses utilisées afin de mettre en évidence les propriétés de ces derniers.

Nous procéderons ensuite à une étude de l'efficacité de ces composés dans différentes solutions polluées par des colorants, matières organiques et inorganiques de pH neutre.

II.1 Synthèse des structures coagulantes/adsorbantes

Les structures coagulantes/adsorbantes ont été préparées dans différentes solutions d'eau de mer diluées issues de l'océan Atlantique, provenant de la région de Ain diab à Casablanca (Maroc), utilisée comme électrolyte support.

La première solution (E1), correspond à de l'eau de mer diluée 60 fois dans laquelle la concentration de NaCl est alors de 10^{-2} mol L^{-1}. Les solutions E2 et E3, correspondent à des dilutions de 6 et 2 fois celle de l'eau de mer, la solution E4 correspond à l'eau de mer non diluée, soit l'équivalent d'une concentration en NaCl 10^{-2} mol L^{-1}, 10^{-1} mol L^{-1}, 0.3 mol L^{-1} et 0,6 mol L^{-1} respectivement.

Le tableau suivant montre les différents types des structures coagulantes/adsorbantes utilisées lors de notre étude :

Tableau 10 : Types des structures coagulantes/adsorbantes utilisées

Electrolyte support / Réacteur	E1 (NaCl=10^{-2} mol L^{-1})	E2 (NaCl=10^{-1} mol L^{-1})	E3 (NaCl=0,3 mol L^{-1})	E4 (NaCl=0,6 mol L^{-1}) (Eau de mer)
4 électrodes d'aluminium	A(E1)	A(E2)	A(E3)	A(E4)
4 électrodes fer	F(E1)	F(E2)	F(E3)	F(E4)
2 électrodes d'aluminium et de fer	AF(E1)	AF(E2)	AF(E3)	AF(E4)

La cellule électrolytique consiste en un réacteur en pyrex de 5 L contenant quatre électrodes carrées de fer, d'aluminium ou de fer/aluminium de 15 cm de côté et de 0.2 mm d'épaisseur et une distance inter-électrode de 4 cm utilisée précédemment au laboratoire (BENSAID, 2009, ZIDANE et al,2011). L'homogénéisation de la solution est effectuée à l'aide d'un agitateur magnétique. Une tension de 12 V est maintenue constante aux bornes des électrodes et fixée par un générateur de courant continu (marque Xantrex, modèle XFR40-70, Mississauga, Ontario, Canada) avec une valeur maximale de 70 A. Les électrodes ont été disposées de telle sorte qu'une électrode anodique est suivie d'une électrode cathodique (configuration monopolaire).

Le courant électrique, le pH et les concentrations de chlorure en solution ont été mesurées périodiquement lors de l'électrolyse. Après 24 h d'électrolyse, les solutions contenant les structures générées ont été décantées pendant 2 h, puis filtrées sur papier Whatman N°. 4 de 27 cm de diamètre. Les filtrats ont été séchés dans une étuve à une température voisine de 50 °C. Les structures synthétisées ont ensuite été broyées manuellement et tamisées à l'aide d'un tamis de 250 µm.

II.2 Caractérisation des structures coagulantes/adsorbantes

II.2.1. Caractérisation microscopique de la phase cristalline des structures par diffraction aux rayons X

Les structures ont été analysées par diffraction aux rayons X (DRX), à l'aide d'un appareil de marque Philips X'Pert PRO qui dispose d'un goniomètre vertical de configuration θ-θ avec codage optique directe permettant la lecture directe de la position angulaire sur les bras du goniomètre et d'avoir une remarquable précision angulaire absolue de 0.0025° et une reproductibilité inférieure à 0.0001.

✓ Principe de la diffraction aux rayons X

Les rayons X sont diffusés sans perte d'énergie par des particules de la matière chargée électriquement et, principalement, par les électrons. Dans les solides cristallins, où les particules sont disposées de façon périodique, la quantité de rayonnement diffusé n'est importante que dans les directions pour lesquelles les rayons diffusés sont en phase. On dit alors qu'il y a diffraction.

L'observation d'un rayonnement diffracté est donc soumise à des conditions relatives à l'existence d'interférences constructives ou cohérentes. La loi de Bragg établit la condition essentielle à la diffraction, à savoir : deux rayons diffusés par un cristal sont en phase et s'additionnent si la différence entre leurs chemins parcourus au sein du cristal est égale à n fois (n= nombre entier) leur longueur d'onde :

$$2\ d.\sin\theta = n\lambda \quad \text{(Equation 17)}$$

Avec

λ : la longueur d'onde du rayonnement utilisé.

θ : l'angle de réflexion.

d : la distance réticulaire entre deux plans atomiques adjacents d'une même famille.

n : l'ordre de réflexion.

Cette relation permet, à partir des valeurs de l'angle d'incidence, de déterminer les équidistances des différentes familles de plans caractéristiques du matériau analysé. Les imperfections de la périodicité peuvent cependant limiter l'étendue des domaines diffractants en phase. Le domaine au sein duquel la périodicité est conservée est appelé domaine cohérent. Il peut être déterminé en appliquant la formule de Sherrer ; 1918:

$$D_{hkl} = \lambda\ k\ /\cos\theta\ l_{hkl} \quad \text{(Equation 18)}$$

Avec

D_{hkl} = la longueur du domaine cohérent selon la direction hkl.

l_{hkl} = la largeur à mi-hauteur de la raie de la réflexion considérée (en radian).

k = une constante dépendante de l'appareil utilisé.

λ = la longueur d'onde du rayonnement.

θ = l'angle de diffraction.

✓ <u>Conditions expérimentales de la diffraction aux rayons X</u>

La diffraction aux rayons X sur une poudre est une méthode non destructive. Elle permet d'identifier les phases cristallisées présentes dans un matériau par comparaison avec un fichier de références, JCPDS. Par l'élargissement des raies du diffractogramme enregistré, il est possible d'évaluer la longueur de cohérence entre les cristaux composant le matériau.

Dans le cadre de ce travail, les mesures de diffraction X ont été effectuées sur des composés préparés.

Le rayonnement monochromatique utilisé pour les mesures est la raie K^0 du cobalt (λCo = 1.7889 Å). L'appareil utilisé est un diffractomètre de marque Philips X'Pertpro qui dispose d'un goniomètre vertical de configuration θ-θ avec codage optique directe permettant la lecture directe de la position angulaire sur les bras du goniomètre et d'avoir une remarquable précision angulaire absolue de 0.0025° et une reproductibilité inférieure à 0.0001. Les diagrammes ont été réalisés au Laboratoire Environnement et Minéralogie de UATRS.

II.2.2. Caractérisation microscopique des structures par Microscopie électronique à balayage

La morphologie des sites d'adsorption a été analysée par microscopie électronique à balayage (MEB) avec un système d'analyse d'images Tracor-Northern TN 8502/S, sous un grossissement pratique de 10 X à 100 000 X.

La microscopie électronique à balayage constitue une source importante d'informations morphologiques et topographiques souvent indispensable à la compréhension des propriétés de la surface (NEMBURY D.E. et al., 1990). Dés lors, un examen par microscopie électronique constitue fréquemment la première étape de l'étude de la surface d'un solide.

✓ Principe de la microscopie électronique à balayage

La microscopie électronique à balayage (MEB) est une technique de microscopie basée sur le principe des interactions électrons matière. Un faisceau d'électrons balaie la surface de l'échantillon à analyser qui, en réponse, réémet certaines particules. Différents détecteurs permettent d'analyser ces particules et de reconstruire une image de la surface.

Une sonde électronique fine est projetée sur l'échantillon à analyser. L'interaction entre la sonde électronique et l'échantillon génère des électrons secondaires, de basse énergie qui sont accélérés vers un détecteur d'électrons secondaires qui amplifie le signal. A chaque point d'impact correspond ainsi un signal électrique (Goldstein et al., 1981). L'intensité de ce signal électrique dépend à la fois de la nature de l'échantillon au point d'impact qui détermine le rendement en électrons secondaires et de la topographie de l'échantillon au point considéré. Il est ainsi possible, en balayant le faisceau sur l'échantillon, d'obtenir une cartographie de la zone balayée.

✓ Conditions expérimentales de la microscopie électronique à balayage

La qualité des images obtenues en microscopie électronique à balayage dépend grandement de la qualité de l'échantillon analysé. Idéalement, celui-ci doit être absolument propre, si possible plat et doit conduire l'électricité afin de pouvoir évacuer les électrons. Il doit également être de dimensions relativement modestes, de l'ordre de 1 à 2 centimètres. Toutes ces conditions imposent donc un travail préalable de découpe et de polissage. Les échantillons isolants doivent en plus être métallisés, c'est-à-dire recouverts d'une fine couche de carbone ou d'or (WELL O.C.et al. ,1974).

L'analyse des composés préparés, a été effectuée au Laboratoire Eau, Terre et Environnement à l'institut national des recherches scientifiques Québec.

Cette analyse a été faite par microscopie électronique à balayage (MEB) avec un système d'analyse d'images Tracor-Northern TN 8502/S (figure 20), sous un grossissement pratique de 10 X à 100 000 X.

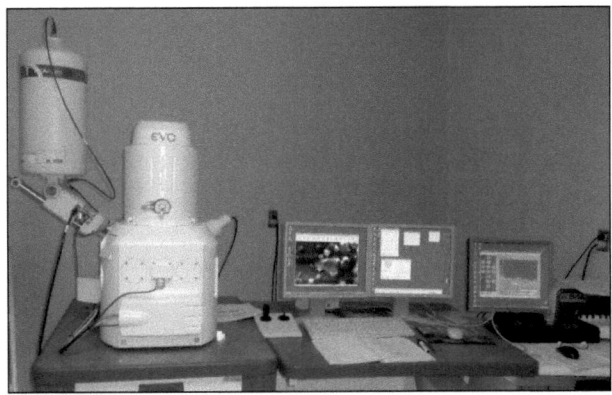

Figure 20: Dispositif d'analyse des structures coagulantes/adsorbantes par microscopie électronique à balayage (MEB).

II.2.3. Caractérisation microscopique de la taille des structures par granulométrie laser

Une analyse de la taille des particules et des structures a aussi été réalisée avec une granulométrie laser de marque Fritsch, modèle analyste 22, avec un intervalle d'analyse entre 0.1 et 600 μm.

La granulométrie laser datant des années 70, est une technique qui permet la mesure de la taille des particules, ou plus exactement de leurs rayons, et permet également de déterminer leur fréquence statistique en fonction de leur taille.

Elle mesure des tailles de particules comprises entre 0,05 et 900µm, Ce qui est bien plus précis qu'avec la technique par tamis. Elle convient donc particulièrement aux suspensions de polymères et à tout type de poudre (minérale ou non).

✓ Principe de la granulométrie laser

La granulométrie laser est une technique basée sur la diffraction de la lumière.

D'après la théorie de Fraunhofer et Théorie de Mie, on peut dire que lorsque la dimension de la particule est grande devant la longueur d'onde incidente, ou lorsque le matériau est très absorbant, l'effet de bord des particules contribue pour une part prépondérante à l'intensité totale diffusée.

L'interférence provient alors principalement du contour de la particule, c'est-à-dire de la diffraction créé par la courbure de la lumière à l'interface. Dans ce cas, le modèle mathématique utilisé pour le calcul de la courbe granulométrique est celui mises au point par la Théorie de Fraunhofer. Ce modèle présente l'intérêt de s'affranchir totalement des propriétés optiques de l'échantillon et du milieu porteur, pour lequel il n'est pas nécessaire ici de connaître les indices de réfraction.

En revanche, lorsque la dimension de la particule avoisine la longueur d'onde incidente, la théorie de Fraunhofer n'est plus adaptée à la description de la diffusion, car les phénomènes de réflexion et de réfraction interviennent pour une part non négligeable dans l'intensité diffusée. C'est alors la théorie de Mie qui s'applique, laquelle prend en compte les indices de réfraction de l'échantillon et du milieu porteur.

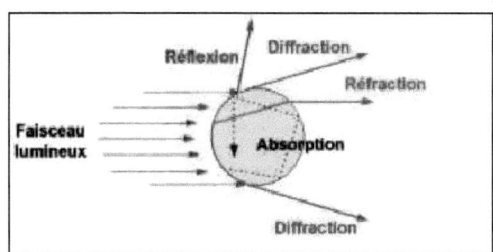

Figure 21: Interactions entre le faisceau laser et une particule.

La distribution granulométrique est déduite de l'interaction entre un ensemble de particules et le faisceau laser incident par l'analyse de la tache de diffraction du faisceau.

II.2.4. Caractérisation de la mobilité électrophorétique structures à l'aide de la mesure du potentiel zêta

Le potentiel zêta de chaque structure a été étudié dans l'eau ultra pure. La mobilité électrophorétique des suspensions chargées dans un champ électrique a été évaluée à l'aide d'un zêtamètre de marque Zeta compact 8000, modèle série S/N9752.

Les mesures ont été réalisées, à température ambiante, sur des échantillons, en suspension de concentration solide de 2 g/l à l'aide un Zêtaphoremétre IV (figure 22) (modèle Z400, CAD instrumentation, Les essarts-le roi, France). Le pH est ajusté à la valeur souhaitée (pH=7) par addition de NaOH (0,1 M) ou HCl (0,1 M).

✓ Principe du potentiel zêta

Le potentiel zêta (ζ) des particules permet une estimation de la charge de surface portée par ceux-ci et, par conséquent, peut conduire à une interprétation des résultats obtenus lors de l'adsorption des composés préparés.

Le zétamètre mesure le potentiel zêta de particules colloïdales en déterminant le taux de déplacement de ces particules dans un champ électrique connu. Les colloïdes sont placés dans une chambre d'électrophorèse constituée de deux compartiments d'électrode et d'une chambre de connexion. Une tension appliquée entre les deux électrodes produit un champ électrique uniforme dans la chambre de connexion et les particules chargées se déplacent vers l'une ou l'autre des électrodes. Pour des particules sphériques, la vitesse des particules est directement proportionnelle à la magnitude de la charge de la particule au plan de cisaillement ou potentiel zêta.

L'appareil Zêtaphoremeter IV modèle Z400 calcule la mobilité électrophorétique à partir de la vitesse de déplacement des particules dans le plan stationnaire d'une cellule en quartz de session rectangulaire, lors de l'application d'un champ électrique de tension 80 V traversant la cellule. Au niveau du plan stationnaire, le profil de vitesse n'est pas influencé par les phénomènes d'électro-osmose se produisant le long des bords de la cellule. La cellule de mesure se compose de deux réservoirs cylindriques reliés au capillaire en quartz calibré et étalonné.

L'analyse des trajectoires des particules est réalisée à l'aide d'un microscope optique, surmonté d'une caméra vidéo et muni d'un laser He-Ne dont le rayon (laser) traverse horizontalement le canal de la cellule. La diffusion du rayon laser par les particules les rend facilement visibles par la caméra. Ce dispositif est couplé à un ordinateur équipé d'un logiciel d'analyse d'images.

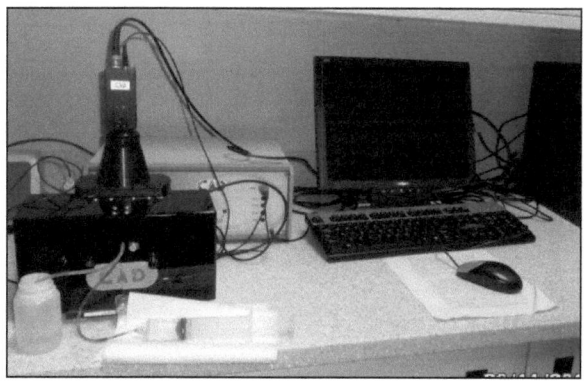

Figure 22: Dispositif de mesure le potentiel Zêta des structures adsorbants préparés.

II.2.5 Caractérisation élémentaire structures par d'Emission Atomique de Plasma d'Argon à Couplage Inductif

La composition élémentaire des structures a été déterminée par Spectromètre d'Emission Atomique de Plasma d'Argon à Couplage Inductif (ICP-AES) (Méthode EPA 6010 B) sur un appareil Varian (modèle Vista AX CCO Simultaneous ICP-AES, Palo Alto, CA, Etats-Unis) après digestion acide (méthode 3030I), (APHA et al., 1999). Des contrôles de qualité ont été effectués en analysant des échantillons liquides certifiés (lot SC0019251, no. catalogue 900-Q30-002, multi-éléments standard, SCP Science, Lasalle, QC, Canada).

La figure ci-dessous présente la photo de l'appareil ICP-ES utilisé :

Figure 23: Photo de l'appareil d'ICP-ES.

✓ Principe d'Emission Atomique de Plasma d'Argon à Couplage Inductif

Le principe de cette technique analytique consiste à mesurer les raies d'émission des éléments atomisés et excités sous l'effet thermique du plasma.

Le schéma général de cette méthode d'analyse est présenté dans la figure ci-dessous:

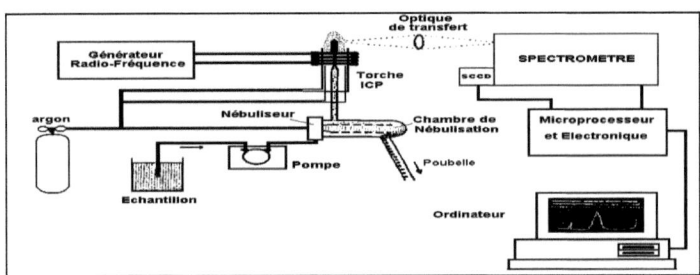

Figure 24 : Présentation générale de la technique d'ICP-ES.

L'échantillon liquide est nébulisé et séché en aérosols solides à l'aide d'un nébuliseur sous un flux d'argon qui le transporte directement au cœur de la torche à plasma pour atomiser les éléments présents.

Le schéma ci-dessous, résume les différentes étapes pour passer l'échantillon liquide aux éléments sous forme atomique.

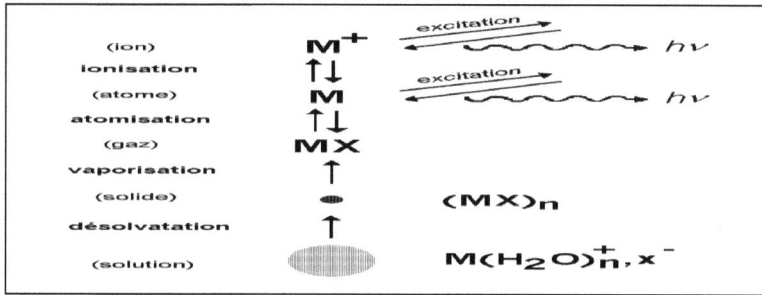

Figure 25: Différentes étapes permettant le passage d'un échantillon liquide à des éléments sous forme atomique.

Avec : M : métal, X : halogène, n : nombre de mole de molécule H_2O.

Un spectromètre UV-Visible mesure simultanément l'ensemble des photons émis aux différentes longueurs d'ondes par relaxation des éléments excités ou ionisés.

Chaque longueur d'onde est caractéristique d'un élément donné et l'intensité d'émission est proportionnelle à la quantité de cet élément présent dans la flamme. On peut donc en déduire la composition de l'échantillon.

En conséquence, ni le temps, ni le coût de l'analyse ne dépendent du nombre d'éléments analysés. Cette technique est particulièrement intéressante pour ce travail d'une part du fait de son caractère multi-élémentaire qui permet d'apporter, dans un temps court, un maximum de renseignements sur les éléments solubilisés, et d'autre part par sa très grande sensibilité (inférieure à (µg/l)).

II.3 Détermination de l'efficacité des structures coagulantes/adsorbantes

L'efficacité épuratoire des structures synthétiques a été étudiée sur des solutions polluées par deux types de colorants, le trypan bleu à une concentration de 15 mg L^{-1} et le potassium indigo trisulfonate à une concentration de 30 mg L^{-1}. De même, les structures ont été testées sur deux autres composés organiques, soit l'acide oxalique et le bisphénol, chacun à une concentration de 20 mg L^{-1}. De plus, l'enlèvement du chrome a été étudié en utilisant des solutions de chrome trivalent (sulfate de chrome) et hexavalent (trioxyde de chrome) à une concentration de 20 mg L^{-1}. Ces solutions ont été préparées dans de l'eau distillée à pH neutre et à température ambiante.

Chapitre II   Matériels et méthodes

Le tableau 11 montre la formule des composés colorés, organiques et inorganiques étudiés.

Tableau 11 : Formule des composés chimiques étudiés

Composés	Formule chimique	masse molaire (g/mol)
Acide oxalique	$C_2H_2O_4, H_2O$	126,07
Bisphénol	$C_{15}H_{16}O_2$	228,28
Trypan bleu	$C_{34}H_{28}N_6Na_4O_{14}S_4$	964,837
Potassium indigo trisulfonate	$C_{16}H_7K_3N_2O_{11}S_3$	616.71
Trioxyde de chrome	CrO_3	99,99
Sulfate de chrome	$Cr_2(SO_4)_3, 2H_2O$	392.16

Une concentration de 3 g L^{-1} des structures synthétiques à base d'aluminium (A(E1), A(E2), A(E3) et A(E3)) a été utilisée pour le traitement des solutions contaminées. Ces solutions ont été agitées pendant 1 h à l'aide d'un agitateur à une vitesse de 150 tours min^{-1}. Les solutions ont ensuite été filtrées à l'aide de membrane Whatman 934-AH (porosité : 1.5 µm).

II.4 Les Paramètres physicochimiques

Les mesures de pH, de Carbone Organique Dissous (COD), de l'absorbance dans le cas des solutions colorantes et de la Demande Chimique en Oxygène (DCO) pour les solutions contenant la matière organique et du chrome par ICP-ES pour les solutions métalliques ont été effectuées lors de ces essais.

Les paramètres physicochimiques suivis sont :

II.4.1. Le pH

Le pH a été mesuré à l'aide d'un pH-mètre Accumet Research, modèle AR 25 Dual Channel pH/Ion meter (Fisher Scientific, Nepean, ON, Canada), équipé d'une double jonction Cole-Parmer avec une électrode de pH Ag/AgCl calibrée chaque jour entre 4 et 9 (Cole Parmer Instrument, Anjou, QC, Canada). Les étalons sont conservés à température ambiante. Avant chaque prise de mesure les électrodes sont nettoyées à l'eau distillée.

II.4.2. La conductivité

La conductivité a été mesurée à l'aide d'un appareil Oakton, modèle 510 (Cole Parmer Instrument, Anjou, QC, Canada). Les teneurs en COD ont été établies à l'aide d'un analyseur de marque Shimadzu, modèle TOC-VCPH (Shimadzu Scientific Instruments Inc., Kyoto, Japon).

II.4.3. Le chlorure

La détermination des concentrations de chlorure a été faite à l'aide d'un appareil de marque TIM870 relié par deux électrodes, l'électrode de mesure de chlorure ISEHS25Cl et l'électrode de référence REF251.

II.4.4. La demande chimique en oxygène (DCO)

La détermination de la demande chimique en oxygène (DCO), nous renseigne sur toutes les matières organiques biodégradables et non dégradables ainsi que toutes les matières inorganiques très réductrices.

La DCO est définie par la quantité d'oxygène spécifique qui réagit avec un échantillon dans des conditions définies. La quantité d'oxygène consommée est exprimée en termes de son équivalent en oxygène: mg d'O2 /l.

La méthode DCO de Hanna est basée sur la «méthode par colorimétrie au dichromate à reflux fermé», en conformité avec les principaux cours officiels d'analyse chimique dans les eaux naturelles et les eaux usées.

La DCO a été mesurée selon la méthode 5220D (APHA et al., 1999) avec une courbe standard (0-1000 mg L^{-1}) à l'aide d'un spectrophotomètre UV de marque Varian, modèle Cary 50 (Varian Canada Inc., Saint-Laurent, QC, Canada).

CHAPITRE III
RESULTATS
ET
DISCUSSIONS

Chapitre III : RÉSULTATS ET DISCUSSION

III.1 Structures coagulantes/adsorbantes à base d'aluminium

III.1.1. Préparation des structures coagulantes/adsorbantes à base d'aluminium

Sur la Figure 26 est représentée la variation du courant électrique et du pH en fonction du temps lors de la préparation des structures synthétiques dans différentes concentrations d'eau de mer.

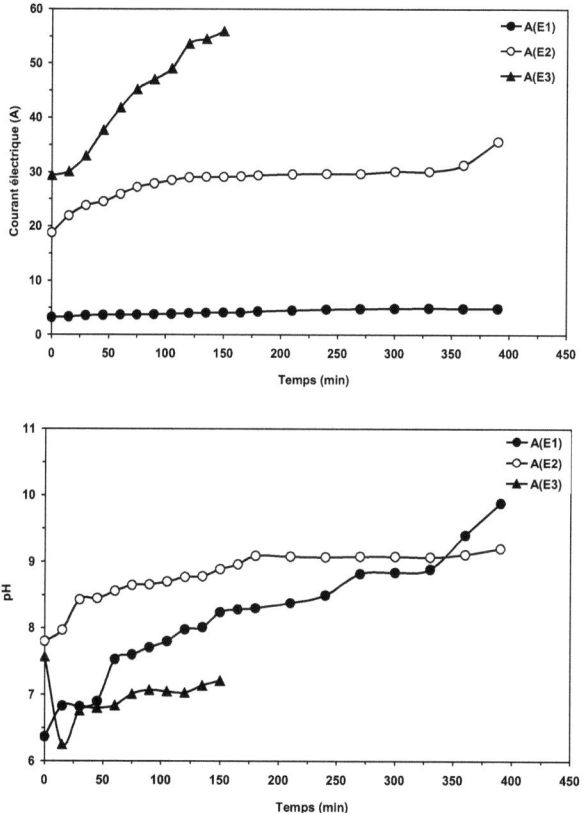

Figure 26: Évolution temporelle du courant électrique et le pH lors de la synthèse des coagulants synthétiques à base d'aluminium.

Le courant augmente avec le temps de dissolution des électrodes d'aluminium et avec la concentration de l'électrolyte support (eau de mer). Ce phénomène est attribuable à la concentration des ions chlorures dans l'eau de mer et à la formation croissante des ions d'aluminium lors de leur dissolution à l'anode, qui rendent le milieu plus conducteur et augmentent ainsi la cinétique de la réaction, tel que cela a été montré précédemment par plusieurs auteurs (BENSAID, 2009) et (ZIDANE et al., 2008).

Lors de la préparation des structures A(E1) et A(E2), une augmentation lente du pH a été observée en fonction de temps. Par contre, lors de la préparation de la structure A(E3) une diminution du pH a d'abord été notée lors des vingt premières minutes, suivie d'une hausse progressive en fonction du temps.

L'augmentation du pH pour les structures A(E1) et A(E2) peut s'expliquer probablement par le fait qu'en milieu neutre, les ions d'aluminium Al^{3+} issus de l'anode sont hydrolysés, soit sous forme de monomères tels que $Al(OH)^{2+}$ et $Al_2(OH)^{3+}$, soit de polymères hydroxylés tels que $Al_2(OH)_2^{4+}$, $Al[(OH)_4]^{5+}$, $Al_{13}O_4(OH)_{24}$ et $Al(OH)_3$, laissant les ions hydroxyles libres. La formation de ces complexes est favorisée par la production d'ions OH^- par réduction de l'eau à la cathode.

À ce pH, $Al(OH)_3$, existe en faible quantité d'après (AMIRTHARAHAH et MILLS ,1982). Les ions OH^- issus de la cathode restant libres contribuent principalement à l'augmentation du pH.

Au cours de la réaction d'électrocoagulation, la quantité de $Al(OH)_3$ s'accroît en raison, d'une part, de l'augmentation du pH, due aux ions OH^- libérés par la réaction électrochimique de l'hydrolyse de l'eau, et à la disponibilité des ions Al^{3+} libérés par la réaction de dissolution de l'aluminium, et d'autre part, par la dissociation des polymères hydroxylés qui se dissocient en présence de OH^- avant de se réorganiser et précipiter pour former l'hydroxyde d'aluminium.

Quand le pH atteint une valeur voisine de 8.5, l'hydroxyde d'aluminium devient prédominant car les ions Al^{3+} et OH^- générés dans le milieu réactionnel précipitent sitôt formés et la concentration des ions OH^- devient constante ce qui stabilise le pH (palier final).

Dans le cas de A(E2), les ions chlorures accélèrent fortement la réaction en la catalysant par la formation probable des ions $AlCl_4^-$. Il y a donc formation importante d'ions hydroxyles entraînant un pH plus basique (proche de 8) ou les ions aluminium et hydroxyles issus des électrodes précipitent en hydroxyde d'aluminium sitôt formés.

Dans le cas de A(E3), la diminution observée du pH est engendrée probablement par la réaction ci-dessous : $Al(OH)_3 + OH^- \leftrightarrow Al(OH)_4^-$ (6)

Le chlorure de sodium présent dans l'eau de mer, utilisé comme électrolyte support, est nécessaire pour le déroulement d'une réaction d'électrocoagulation et permet la formation des ions $AlCl_4^-$ qui accélèrent la dissolution de l'aluminium et empêchent la formation des dépôts sur la surface (ZIDANE et al., 2008).

III.1.2. Etude de la masse formé et l'énergie consommée Eg des structures coagulantes/adsorbantes à base d'aluminium

Le Tableau 12 regroupe la masse formées et l'énergie necessaire (Eg) pour former 1 kg de structure pour les trois coagulants à base d'aluminium.

Tableau 12 : Masse formé et l'énergie consommée (Eg) des coagulants à base d'aluminium

Composés synthétiques	A(E1)	A(E2)	A(E3)
Masse formé (g/l)	30,6	266	320
Energie consommée Eg (KWh Kg^{-1})	2,55	1,96	2,55

Pour l'ensemble des coagulants, on observe une augmentation de la masse de structure formée avec une stabilisation de l'énergie consommée (Eg) dans le cas des électrodes d'aluminium aussi bien à faible qu'à forte concentration de NaCl ($E_g = 2,55$ kWh kg^{-1}), ce qui peut être expliqué par la formation immédiate de l'hydroxyde d'aluminium avec un minimum d'énergie à pH neutre (AMIRTHARAJAH ET MILLS, 1982).

II.1.3. Caractérisation des structures coagulantes/adsorbantes à base d'aluminium

III.1.3.1 Caractérisation microscopique des structures

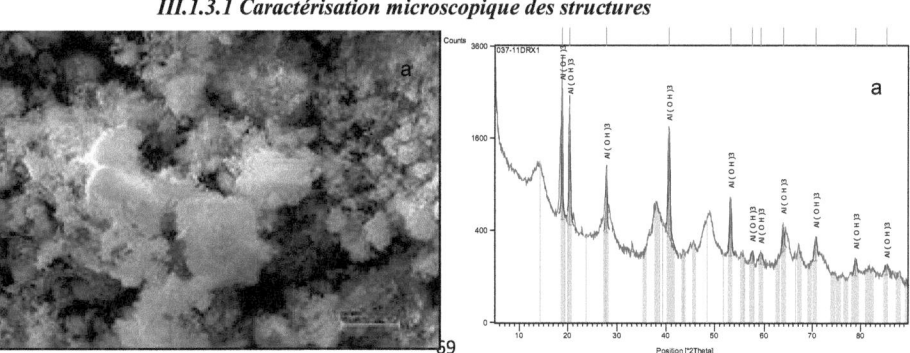

Conclusion générale

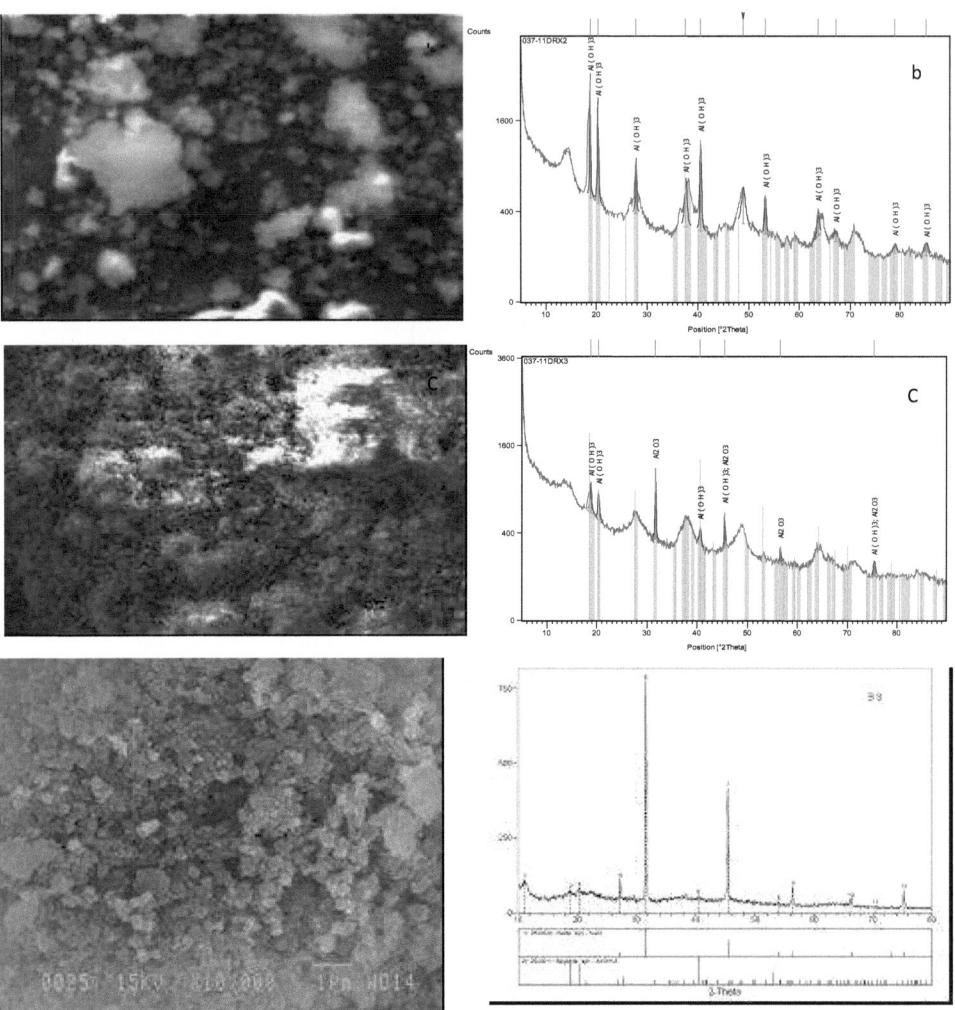

Figure 27: Analyse par DRX et microphotographies (MEB) des structures coagulantes/adsorbantes à base d'aluminium.

b : structure coagulante/adsorbantes A(E2), [NaCl]=10^{-1} mol L^{-1}.

c : structure coagulante/adsorbantes A(E3), [NaCl]=0,3 mol L^{-1}.

d : structure coagulante/adsorbantes A(E3), [NaCl]=0,6 mol L^{-1}.

Le tableau suivant montre les différentes phases cristallines trouvées par DRX des composés synthétiques A(E1), A(E2), A(E3) et A(E4).

Tableau 13 : Les phases cristallines des Coagulant/adsorbant du A(E1), A(E2), A(E3) et A (E4)

Coagulant/adsorbant à base d'aluminium seul	Coagulant A(E1)	Coagulant A(E2)	Coagulant A(E3)	Coagulant A(E4)
Phases cristallines	Bayerite: $Al(OH)_3$	Bayerite: $Al(OH)_3$	Bayerite: $Al(OH)_3$ Oxyde d'aluminium: Al_2O_3	Halite: NaCl Bayerite: $Al(OH)_3$

La Figure 27 montre les pics et les phases de DRX et des microphotographies des structures synthétiques. Les structures à base d'aluminium (A(E1) et A(E2)) préparées à base d'aluminium à faible concentration d'eau de mer se trouvent principalement sous forme de grains agglomérés avec des phases majoritaires sous forme d'hydroxydes d'aluminium ($Al(OH)_3$) qui sont connus pour leurs propriétés adsorbantes sur les colorants (LI et al., 2009; MARANGONI et al., 2009).

Dans le cas de la structure préparée avec une forte concentration d'eau de mer (A(E3)), la phase majoritaire se trouve sous forme d'hydroxydes d'aluminium ($Al(OH)_3$), mais comporte aussi de l'oxyde d'aluminium (Al_2O_3) sous forme de grains spongieux.

Pour le coagulant A(E4), la présence de la Bayerite de formule $Al(OH)_3$ et de la halite de formule NaCl peuvent justifier la présence éventuelle d'un composé de formule $Al_XO_Y(OH)_Z Cl_W$ ayant déjà été mis éventuellement par d'autre auteurs, et ayant été confirmés pour des faible concentrations de NaCl dans des travaux plus récents.

III.1. 3.2 Caractérisation élémentaire

Pour déterminer les compositions inorganiques et leurs pourcentages pour des structures coagulantes/adsorbantes A(E1), A(E2), A(E3) et A(E4) par ICP –AES.

Tableau 14 : Composition élémentaire (mg g^{-1}) des coagulants synthétiques à base d'aluminium.

Eléments	Coagulants à base d'aluminium			
	A(E1)	A(E2)	A(E3)	A(E4)
Al	340	298	253	56.5
Ca	1.18	1.72	2.86	168
Cl	0.60	8.61	58.3	100
Co	0.01	0.01	0.01	0.01
Cr	0.01	0.01	0.01	0.032
Cu	0.06	0.02	0.02	0.08
Fe	1.25	0.92	0.85	11
K	0.11	0.37	1.89	2
Mg	1.70	3.60	11.8	11
Mn	0.02	0.01	0.01	0.02
Na	1.89	9.43	45.5	64.7
P	0.01	0.01	0.01	0.01
Si	0.29	0.27	0.24	0.30

D'après les résultats du Tableau 14, on peut remarquer que les structures coagulantes/adsorbantes contiennent de faibles teneurs en éléments toxiques provenant de l'eau de mer et des pourcentages élevés de cations entrant dans la préparation des structures à base d'aluminium.

Pour ces structures, le pourcentage d'aluminium atteint une valeur de 34% pour A(E1), 29% pour A(E2), de 25% pour A(E3) et de 6% pour A(E4) où la forme solide est plus compacte, avec une augmentation du pourcentage de sodium, magnésium et de chlorure, alors que les teneurs en calcium et silicium sont semblables aux autres structures sauf dans le cas de A(E4).

Dans le cas de A(E4), la grande quantité de NaCl, existant dans la structure à probablement permis la formation d'une forme solide plus compacte avec un plus faible pourcentage d'aluminium, ceci justifié par la forme du spectre du DRX.

III.1.3.3 Étude granulométrique

La taille ainsi que le pourcentage des particules colloïdales pour des structures coagulantes/adsorbantes A(E1), A(E2) et A(E3) ont été déterminées par zétaphotométrie.

La Figure 28 montre la répartition des pourcentages des particules colloïdales des structures à base d'aluminium.

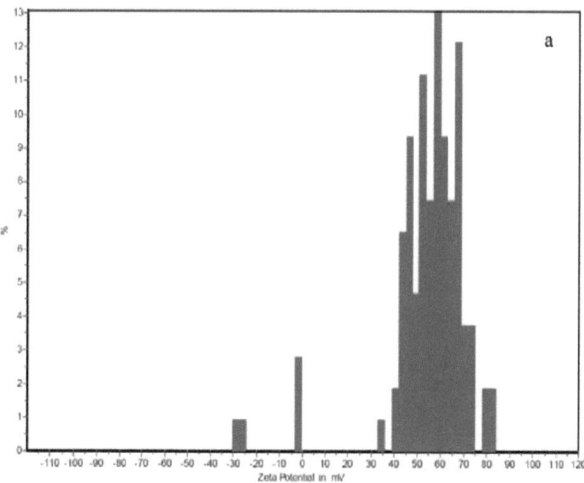

Conclusion générale

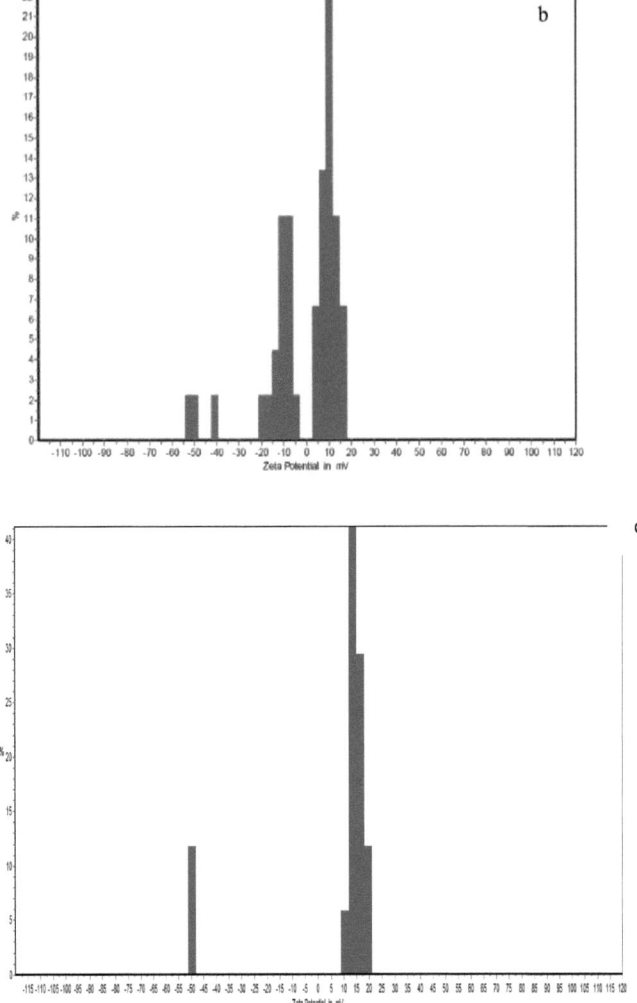

Figure 28: Potentiel zêta des particules colloïdales des structures coagulantes/adsorbantes à base d'aluminium A(E1), A(E2) et A(E3) pour une concentration de NaCl de 10^{-2}, 10^{-1} et 0,3 mol L^{-1}.

D'après cette figure, On peut remarquer que dans le cas de A(E1), un grand pourcentage des colloïdes sont sous forme positive expliquant le caractère attractif de cette structure. Dans le cas de A(E2), on peut remarquer que 50% des particules ont un caractère attractif et 50% des particules ont un caractère répulsif. Dans le cas de A(E3) un grand pourcentage des particules a un caractère attractif et un faible pourcentage de particules a un caractère répulsif ou nul. Ces effets électrophorétiques des structures dans l'eau, traduisent la mobilité des colloïdes des structures à base d'aluminium.

La taille des grains constituant le composé synthétiques a été déterminée par granulométrie laser.

La figure ci dessous représente les graphes de granulométrie laser des composés synthétiques A(E1), A(E2), A(E3) et A(E4).

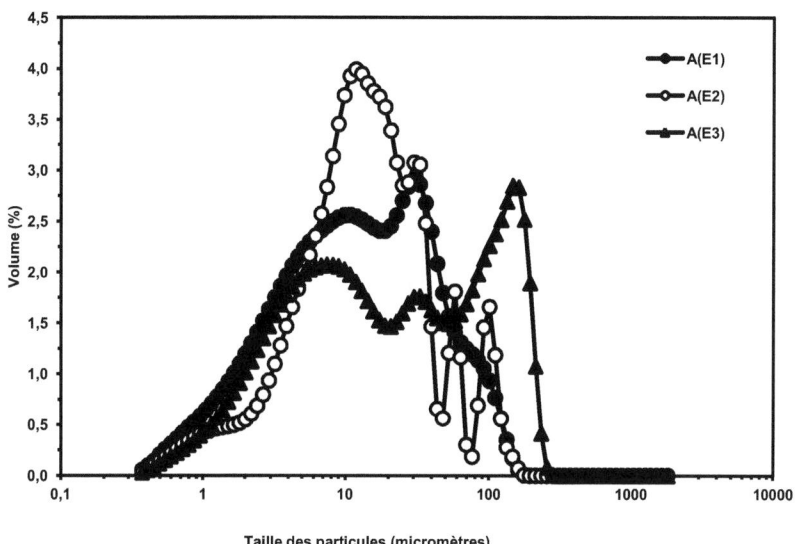

Figure 29: Répartition de la taille des particules des structures coagulantes/adsorbantes à base d'aluminium.

La Figure 29 regroupe les répartitions des pourcentages de particules des structures synthétiques. Les structures A(E1) et A(E3) contiennent plus de 50% des particules avec une taille comprise entre 4 et 40 µm, avec un faible pourcentage de particules dont la taille est supérieure à 40 µm, tandis que A(E2) contient une majorité de particules avec des tailles comprises entre 6 µm et 40 µm.

III.1.4 Efficacité épuratoire des structures coagulantes/adsorbantes à base d'aluminium

III.1.4.1 Étude de l'efficacité des structures dans des solutions polluées par le trypan bleu et le potassium indigo trisulfonate

Le Tableau 15 représente la variation des pH finaux, de la conductivité, du rendement d'élimination exprimé en absorbance, ainsi que le rendement d'élimination exprimé en COD pour les trois coagulants dosés à une concentration de 3 g L^{-1} obtenus à partir des solutions colorées.

Tableau 15 : Valeurs de pH finaux, de la conductivité, du rendement d'élimination de la couleur (Abs) et du carbone organique dissous (COD) suite à l'addition des structures coagulantes/adsorbantes dans des solutions colorées par le trypan bleu ou le potassium indigo trisulfonate

Paramètres	Initial	Coagulants (3 g L^{-1})		
		A(E1)	A(E2)	A(E3)
Trypan bleu				
pH	7.08	6.34	6.35	6.66
Conductivité (µs cm^{-1})	10	36	108	847
Couleur (% enlèvement)	0	97.7	99.7	99.9
COD (% enlèvement)	0	81.5	85.2	88.8
Potassium indigo trisulfonate				
pH	7.10	6.61	6.47	6.81
Conductivité (µs cm^{-1})	31	44	106	828
Couleur (% enlèvement)	0	98.1	98.8	88.0
COD (% enlèvement)	0	86.0	84.7	84.0

Dans la solution colorée par le potassium indigo trisulfonate (pH 7.08), le pH du colorant synthétique diminue légèrement.

En effet à un pH de 7.08, les structures en présence sont principalement sous forme d hydroxydes $Al(OH)_3$ et d'autres formes positives soit sous forme de monomères tels que $Al(OH)^{2+}$ et $Al_2(OH)^{3+}$, soit de polymères hydroxylés tels que $Al_2(OH)_2^{4+}$, $Al[(OH)_4]^{5+}$ expliquant la diminution du pH jusqu'à une valeur comprise entre 6,34 et 6,66, pour laquelle l'hydroxyde d'aluminium devient prédominant et permet l'adsorption totale du colorant synthétique.

Pour l'ensemble des essais la conductivité augmente en fonction des concentrations de l'électrolyte support, montrant la présence croissante d'ions en solution.

Dans le cas des trois structures coagulantes/adsorbantes on observe une diminution du pourcentage de décoloration et du COD en fonction de la concentration d'eau de mer utilisée pour la préparation des structures.

Le pourcentage maximal atteint une valeur de 98% dans le cas des solutions colorées par le potassium indigo trisulfonate et une décoloration presque totale à 99%, dans le cas des solutions colorées par le trypan bleu avec une forte diminution du COD.

III.1.4.2 Étude de l'efficacité des structures dans des solutions polluées par l'acide oxalique et le bisphénol

Le Tableau 16 regroupe les résultats des essais de traitement des solutions contaminées par l'acide oxalique et le bisphénol.

Tableau 16 : Valeurs de pH finaux, de la conductivité, du rendement d'élimination de la couleur (Abs) et du carbone organique dissous (COD) suite à l'addition des structures coagulantes/adsorbantes dans des solutions contaminées par l'acide oxalique ou le bisphénol.

Paramètres	Initial	Coagulants (3 g L^{-1})		
		A(E1)	A(E2)	A(E3)
Acide oxalique				
pH	7.18	6.75	6.86	7.00
Conductivité ($\mu s\ cm^{-1}$)	44	47	129	872
DCO (% enlèvement)	0	81.7	87.8	84.7
COD (% enlèvement)	0	83.9	93.1	86.2

Bisphénol				
pH	7.09	6.62	6.57	5.44
Conductivité ($\mu s\ cm^{-1}$)	40	41	105	885
DCO (% enlèvement)	0	24.2	10.3	4.2
COD (% enlèvement)	0	23.0	3.7	23.7

Le pH varie légèrement pour les différentes structures sauf dans le cas de A(E3) et se situe dans une zone où les structures restent principalement sous une forme solide stable et adsorbante, ce qui explique le rendement d'élimination élevé pour l'acide oxalique (en moyenne de 85%) en terme de DCO, et le rendement faible pour le bisphénol (moins de 24%).

On observe que la variation de la concentration de COD est importante.

Pour l'ensemble des essais, la conductivité augmente en fonction de la concentration de l'électrolyte support, montrant la présence croissante des ions restants en solution.

III.1.4.3 Étude de l'efficacité des structures dans des solutions contaminées par le chrome

Le Tableau 17 regroupe les pH finaux, la conductivité, le rendement d'élimination du chrome pour les trois structures à une concentration de 3 g L^{-1}.

Tableau 17 : Valeurs de pH finaux, de la conductivité et rendement d'élimination du chrome suite à l'addition des structures coagulantes/adsorbantes dans des solutions contaminées par le sulfate de chrome ou le trioxyde de chrome

Paramètres	Initial	Coagulants (3 g L^{-1})		
		A(E1)	A(E2)	A(E3)
Sulfate de chrome				
pH	7.28	6.50	6.44	6.70
Conductivité ($\mu s\ cm^{-1}$)	30	40	108	879
Chrome (% enlèvement)	0	94.3	94.8	94.8

	Trioxyde de chrome			
pH	6.96	6.95	6.84	6.88
Conductivité ($\mu s\ cm^{-1}$)	30	54	122	862
Chrome (% enlèvement)	0	72.6	74.9	63.3

Lorsque les solutions sont polluées par du chrome trivalent et hexavalent, le pH varie légèrement pour les différentes structures.

Cette légère diminution du pH peut s'expliquer par l'adsorption du polluant sur des hydroxydes d'aluminium, chargés positivement (AMIRTHARAHAH et MILLS, 1982).

Pour les eaux polluées par le sulfate de chrome, le pourcentage de dépollution atteint 94%, par contre, dans le cas des eaux contaminées par le trioxyde de chrome le pourcentage de dépollution ne dépasse pas 74%, ce qui peut s'expliquer par le fait que ces structures ont une plus grande capacité d'adsorption des polluants contenant le chrome trivalent (Cr^{3+}).

III.1.4.4 Étude de l'efficacité des structures dans une solution contenant plusieurs polluants

Sur le Tableau 18 sont regroupés les résultats correspondant aux essais de traitement d'une solution synthétique polluée par les deux colorants (trypan bleu + potassium indigo trisulfonate) et d'autres matières organiques (acide oxalique + bisphénol) à pH neutre, avec une concentration de coagulant de 3 g L^{-1}

Tableau 18 : Valeurs de pH finaux, de la conductivité, du rendement d'élimination de la couleur (Abs) et du carbone organique dissous (COD) suite à l'addition des coagulants synthétiques dans un effluent synthétique à pH neutre.

Paramètres	Initial	Coagulants (3 g L^{-1})		
		A(E1)	A(E2)	A(E3)
Effluent synthétique				
pH	7.08	6.50	6.44	6.70
Conductivité ($\mu s\ cm^{-1}$)	49	70	132	987

Couleur (% enlèvement)	0	91.2	94.3	91.8
COD (% enlèvement)	0	83.0	54.3	71.8

Le pH varie légèrement pour les différentes structures ce qui explique leur caractère adsorbant puisqu'ils sont et restent sous forme solides stables aux pH finaux (AMIRTHARAHAH et MILLS, 1982).

Pour l'ensemble des essais, la conductivité augmente en fonction des concentrations de l'électrolyte support utilisé pour la préparation des structures.

D'après les courbes de l'évolution du rendement d'élimination en termes de DCO et en absorbance, en fonction de la concentration d'eau de mer utilisée dans la préparation des structures. On observe que le rendement d'élimination des matières colorantes reste très élevé par rapport à l'élimination des autres matières organiques (Tableau 18) du fait que ces dernières reforment des nombreux doublets attractifs composants.

III.1.4.5 Effet de la concentration des structures

La Figure 30 présente la variation des pH finaux de la solution synthétique, du rendement d'élimination en termes de l'absorbance, ainsi que le rendement d'élimination en termes de DCO en fonction de la concentration des structures. La solution synthétique est constituée d'un mélange de polluants organiques et colorés (le trypan bleu, le potassium indigo trisulfonate, l'acide oxalique et le bisphénol).

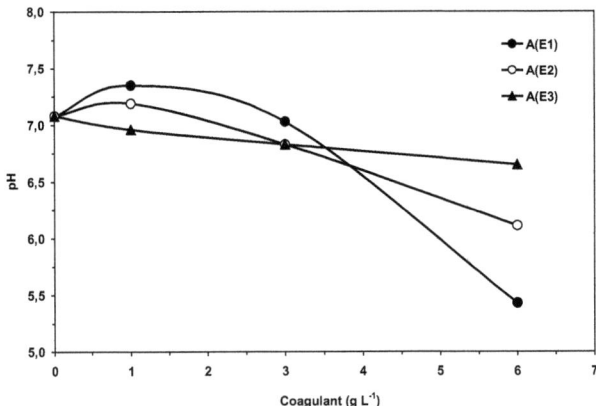

Conclusion générale

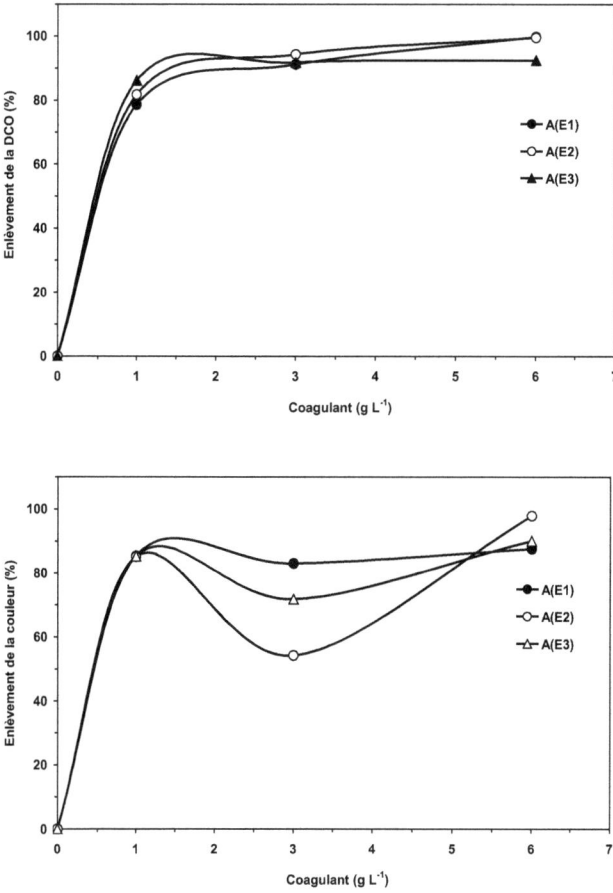

Figure 30: Évolution temporelle du courant électrique et du pH lors de la synthèse des coagulants synthétiques à base d'aluminium.

À un pH proche de la neutralité, les structures sont principalement sous forme de Al(OH)$_3$.

Pour l'ensemble des essais le pH commence par diminuer passant de la valeur 7.01 à une valeur de 6.5 après l'ajout d'une concentration de 3 g L^{-1}, puis se stabilise vers le pH d'une eau plus épurée de l'ordre de 6, ou les structures adsorbantes à base d'hydroxydes sont très stables et expliquent leur grande capacité d'adsorption à ce pH. D'après les courbes de la

Figure 30, on constate une augmentation du rendement d'élimination de la DCO en fonction de la concentration ajoutée des structures, jusqu'à une valeur optimale de 85% atteinte avec seulement 1 g L^{-1} de structure ajoutée.

Pour des concentrations supérieures à 1 g L^{-1}, on observe une diminution du rendement d'élimination pour les trois structures, jusqu'à atteindre un rendement 54% dans le cas de la structure A(E2), un rendement de 71% pour A(E3) et un rendement faible pour A(E1). Ce phénomène peut être expliqué par une forte remise en solution des matières organiques due à une saturation des sites et par inversion de charge de la surface.

III.1.4.6 Étude de l'efficacité des structures dans des solutions polluées par des composés organiques et inorganiques

La performance des structures a pu finalement être vérifiée dans des solutions contenant des polluants organiques et inorganiques (Tableau 19).

Tableau 19 : Valeurs de pH finaux, de la conductivité, du rendement d'élimination de la couleur (Abs) et du carbone organique dissous (COD) suite à l'addition des coagulants synthétiques dans différents effluents synthétiques

Paramètres	Initial	Coagulants (6 g L^{-1})		
		A(E1)	A(E2)	A(E3)
Effluent synthétique 1				
pH	7.08	6.50	6.44	6.70
Conductivité (µs cm^{-1})	49	104	477	2300
Couleur (% enlèvement)	0	99.8	97.9	90.1
COD (% enlèvement)	0	87.6	97.9	90.1
Effluent synthétique 2				
pH	7.09	5.71	4.15	5.60
Conductivité (µs cm^{-1})	52	90	183	789
Couleur (% enlèvement)	0	98.6	98.9	67.1

COD (% enlèvement)	0	72.2	1.5	72.5
Effluent synthétique 3				
pH	7.18	6.52	6.11	6.80
Conductivité ($\mu s\ cm^{-1}$)	57	88	96	603
Couleur (% enlèvement)	0	98.0	99.3	85.0
COD (% enlèvement)	0	46.2	42.9	68.7

La solution synthétique 1 est constituée des colorants (le trypan bleu et le potassium indigo trisulfonate) et de deux autres composés organiques (l'acide oxalique et le bisphénol). La solution synthétique 2 comprend, en plus des deux colorants et des deux composés organiques précédemment cités, du chrome trivalent. La solution synthétique 3 est constituée des deux colorants, des deux composés organiques et du chrome hexavalent.

On constate que lorsque les solutions sont polluées par un mélange de colorants et de matières organiques et inorganiques, le pH varie légèrement alors que dans le cas de la solution synthétique 2 comprenant le chrome trivalent , on observe une forte diminution du pH du fait de la diminution des ions hydroxyles suite à la formation de $Cr(OH)_3$ jusqu'a un pH proche de 6.

Le rendement de dépollution est plus faible dans le cas de la solution 2 car les ions aluminiums sont sous leurs formes positives et hydroxydes suggérant que les structures peuvent avoir un comportement ou la coagulation est importante.

Dans le cas des solutions synthétiques 1 et 3, le processus d'adsorption semble l'emporter, car les coagulants restent sous leur forme solide à pH neutre.

III.1.5 Etude comparative entre l'électrocoagulation et la coagulation par adsorption

Dans les tableaux 20 a et b sont regroupés les résultats obtenus lors de la dépollution des eaux contaminées par des colorants, des matières organiques et des éléments toxiques par électrocoagulation par utilisation d'électrodes en aluminium ou bien par coagulation direct à l'aide d'ajout de structures à base d'aluminium préparés dans différentes concentrations d'eau de mer.

Tableau 20 : Valeurs de pH finaux, du rendement d'élimination de la couleur (Abs), du carbone organique dissous (COD) par :

a: Procédé d'électrocoagulation en utilisant des électrodes d'aluminium

Procédé		Electrocoagulation		
Paramètres		Initial	10^{-2}M	10^{-1}M
Temps (min)		0	60	60
pH		7,18	11,28	12,27
Température (°c)		21	22	40
%DCO		0	61,57	92,77
%Abs		0	97,50	99,61
ICP	Al (mg/g)	10,85	4,92	12,70
	Ca (mg/g)	38,14	27,01	50,91
	Cr (mg/g)	20,27	3,42	1,42
	Mg (mg/g)	11,68	1,17	2,88

b : Procédé de coagulation par ajout de structures à base d'aluminium préparés à différentes concentrations d'eau de mer.

Procédé		Coagulation par adsorption		
Paramètres		Initial	A(E1)	A(E2)
pH		7,18	6,52	6,11
Conductivité (us/cm)		57,3	88	96
%DCO		0	46,2	42,94
%Abs		0	98	99,27
ICP	Al (mg/g)	10,85	1,66	4,62
	Ca (mg/g)	38,14	10,35	14,41
	Cr (mg/g)	20,27	2,37	2,93
	Mg (mg/g)	11,68	2,01	5,73

Dans le cas des essais de dépollution obtenus par électrocoagulation avec une concentration de 10^{-2} mol/l d'eau de mer, le pH augmente jusqu'à une valeur de 11,28 pour lequel il y a formation de structures solides stables (Chapitre III, Paragraphe III.1.1)

Le rendement optimum atteint une valeur de 61% en termes de DCO et 98% en termes d'absorbance avec une élimination de 83% du chrome VI, par contre dans le cas de la coagulation, cette dépollution atteint une valeur de 47% en termes de DCO et 98% en termes d'absorbance

Pour l'ensemble des essais de dépollution obtenus par électrocoagulation avec une concentration de 10^{-1} mol/l de l'électrolyte support, le pH augmente vers une valeur de 12,27 pour lequel il y a formation de structures solides stables (Chapitre III, paragraphe III.1.1)

Le rendement optimum atteint une valeur de 93% en termes de DCO et 99% en termes d'absorbance avec une élimination de 92% du chrome VI, par contre dans le cas de la coagulation, cette dépollution atteint une valeur de 43% en termes de DCO et 99% en termes d'absorbance.

Conclusion

La présente étude a permis la synthèse de trois structures coagulantes/adsorbantes à base d'aluminium par électrocoagulation dans différentes solutions d'eau de mer diluées utilisées comme électrolyte support.

La caractérisation par DRX et MEB des trois structures a permis d'identifier les principales phases cristallines présentes dans ces dernières. Les structures à base d'aluminium (A(E1) et A(E2)) préparées dans de faibles concentrations d'eau de mer (dilutions 60 et 6 fois) se trouvent principalement sous forme de grains agglomérés, avec une phase majoritaire sous forme d'hydroxydes d'aluminium ($Al(OH)_3$), lesquels sont connus pour leurs propriétés adsorbantes des colorants. La structure préparée à forte concentration d'eau de mer (A(E3)) (dilution 2 fois), présente une phase majoritaire sous forme d'hydroxydes d'aluminium ($Al(OH)_3$), mais comporte aussi de l'oxyde d'aluminium (Al_2O_3) sous forme de grains spongieux.

L'analyse élémentaire a montré que la teneur en aluminium est de l'ordre de 34% pour A(E1), 29% pour A(E2) et de 25% pour A(E3) où la forme solide est plus compacte.

On note des pourcentages en sodium, en magnésium et en chlorure très élevés dans la dernière structure composée aux deux autres structures.

L'étude de la capacité épuratoire de ces structures a révélé que celles-ci sont très performantes pour l'élimination des colorants tels que le potassium indigo trisulfonate et le trypan bleu. L'efficacité des structures préparées dans les solutions les plus diluées d'eau de mer est légèrement supérieure à celle du composé préparé dans une solution d'eau de mer diluée seulement deux fois.

Dans le cas des solutions polluées par l'acide oxalique (20 mg L^{-1}), le rendement d'élimination est de l'ordre de 85% pour les trois structures synthétiques dosées à 3 g L^{-1}, par contre dans le cas de la solution de bisphénol à la même concentration, le rendement d'élimination maximal n'est que de 23%.

Dans le cas des solutions polluées par le chrome trivalent, le pourcentage de dépollution a atteint 94%. Par contre, dans le cas des eaux contaminées par le chrome hexavalent, le pourcentage de dépollution atteint seulement 74%.

Cette étude a démontré le très bon potentiel épurateur des structures coagulantes/adsorbantes à base d'aluminium générées par électrocoagulation indirecte avec des électrodes d'aluminium dans des solutions diluées d'eau de mer utilisées comme électrolyte support.

Cette recherche pourra se poursuivre afin d'évaluer la faisabilité technico-économique de la production de ces structures et comparer leur performance par rapport aux autres coagulants et adsorbants disponibles sur le marché pour le traitement des eaux usées.

III.2 Structure coagulante/adsorbante à base de fer

III.2.1. Préparation des structures coagulantes/adsorbantes à base de fer

La Figure 31 montre la variation du courant électrique et du pH en fonction du temps lors de la préparation des structures synthétiques dans différentes concentrations d'eau de mer.

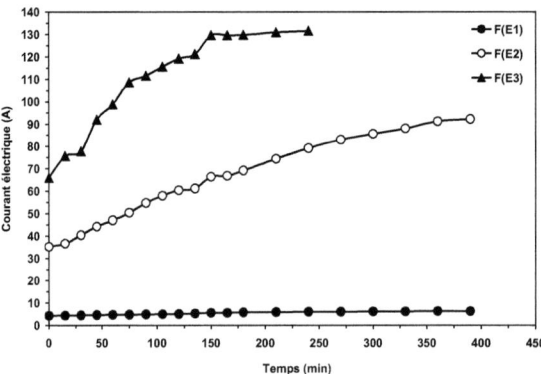

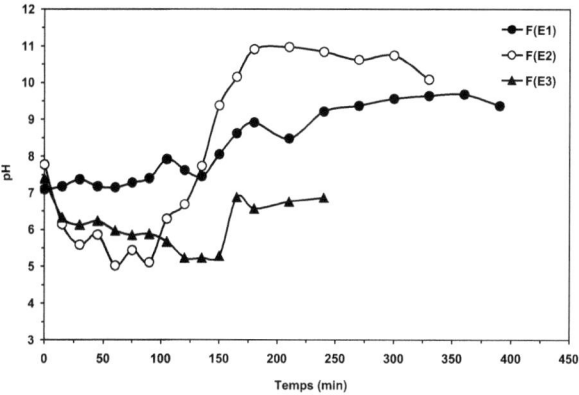

Figure 31: Évolution temporelle du courant électrique et du pH lors de la synthèse des coagulants synthétiques à base de fer.

D'après les courbes de l'évolution de courant en fonction de temps, en constate que :

Lors de préparation des coagulants (F(E1), F(E2), F(E3)) le courant augmente lorsqu'on augmente le temps de dissolution des plaques de fer et la concentration de l'eau de mer utilisée comme électrolyte support .Cela est dû à la présence d'une grande quantité des ions chlorure présent dans les différentes solutions diluées d'eau de mer qui accélère le corrosion des plaques et à la grande mobilité des ions de fer en augmentant la conductivité lors de la dissolution.

Lors de la préparation des coagulants (F(E1), F(E2), F(E3)) dans le cas de la solution neutre, le pH initial croit en fonction du temps, ce qui peut s'expliquer probablement par le fait qu'en milieu neutre, les ions Fe^{3+} issus de l'anode sont hydrolysés soit sous forme de monomères tels que les oxydes ou sous forme d'hydroxydes de fer.

Le chlorure de sodium présent dans l'eau de mer, utilisé comme électrolyte support, est nécessaire pour le déroulement d'une réaction d'électrocoagulation et permet d'accélérer la dissolution du fer en empêchant la formation des dépôts sur la surface.

III.2.2. Etude de la masse formée et l'énergie consommée des structures coagulantes/adsorbantes à base de fer

Le Tableau 21 regroupe les masses formées et l'énergie consommée (Eg) pour synthétisé 1 kg de structure pour les trois coagulants à base de fer.

Tableau 21 : masse formée et l'énergie consommée (Eg) des coagulants à base de fer

Composés synthétiques	F(E1)	F(E2)	F(E3)
Masse formée (g/l)	19,6	60	501
Énergie consommé (KWh Kg^{-1})	4,11	26,66	36,70

Pour l'ensemble des coagulants, on observe une augmentation de la masse accompagnée d'une augmentation de l'énergie consommée (Eg) qui atteint une valeur maximale dans le cas du F(E3), il ya fort chance que l'augmentation de la concentration des ions chlorure par l'addition de NaCl entraine la consommation croissante de l'énergie (Eg).

III.2.3. Caractérisation des structures coagulantes/adsorbantes à base de fer

II.2.3.1. Caractérisation microscopique des structures

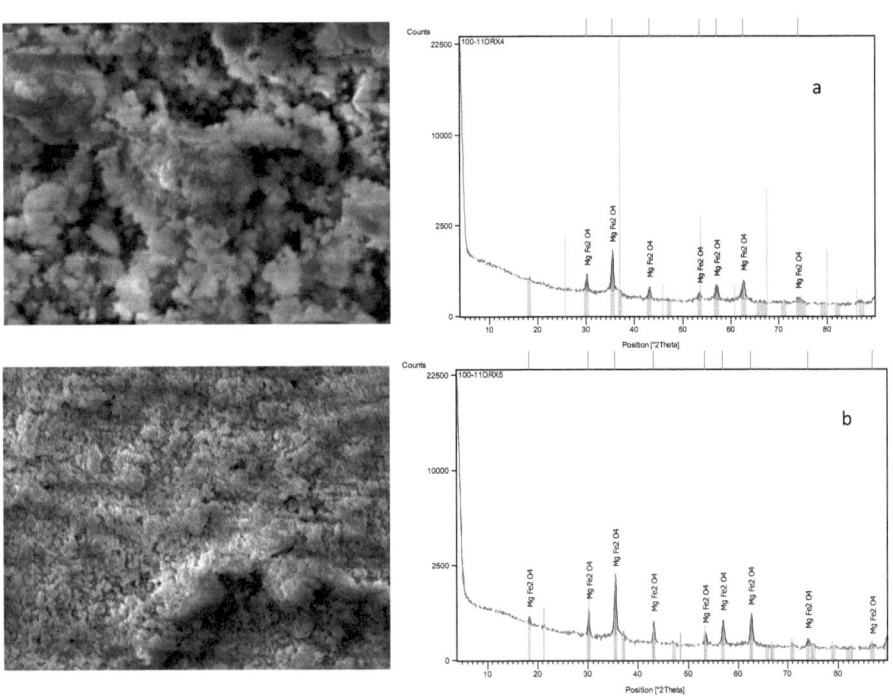

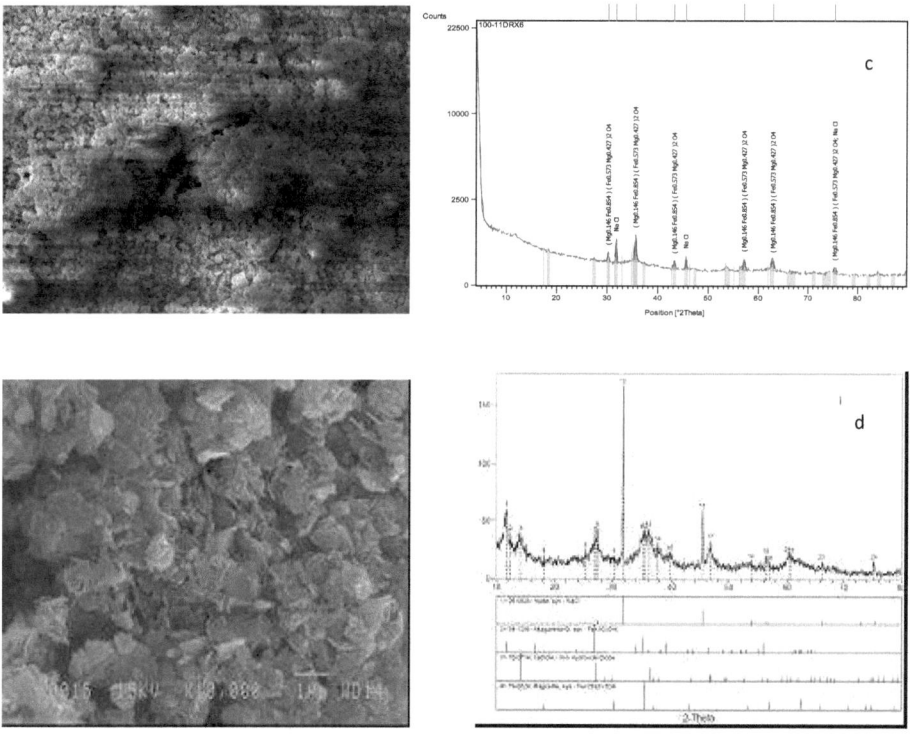

Figure 32: Analyse par DRX et microphotographies (MEB) des structures coagulantes/adsorbantes à base de fer

a : structure coagulante/adsorbantes F(E1), [NaCl]=10^{-2} mol L^{-1}.

b : structure coagulante/adsorbantes F(E2), [NaCl]=10^{-1} mol L^{-1}.

c : structure coagulante/adsorbantes F(E3), [NaCl]=0,3 mol L^{-1}.

d : structure coagulante/adsorbantes F(E4), [NaCl]=0,6 mol L^{-1}.

Le tableau suivant montre les différentes phases cristallines trouvées par DRX des composés synthétiques F(E1), F(E2), F(E3) et F(E4).

Conclusion générale

Tableau 22 : Les phases cristallines des Coagulant/adsorbant du F(E1), F(E2), F(E3) et (E4).

Coagulant/ adsorbant à base de fer seul	F(E1)	F(E2)	F(E3)	F(E4)
Phases cristallines	Magnesioferrite $(Mg Fe_2 O_4)$.	Magnesioferrite $(Mg Fe_2 O_4)$.	Halite: NaCl Magnesioferrite $(Mg_{0,146}Fe_{0,854})$ $(Fe_{0,575}Mg_{0,427})_2 O_4$.	Halite: NaCl Akaganeite: $\beta Fe O_{(1-X)}OH_{(1+X)} Cl_X$ Oxyde d'hydroxyde de fer: FeO (OH) Magnétite: Fe III [Fe III Fe II O_4].

La Figure 32 et le tableau 22 montrent les phases de DRX des coagulants synthétiques. D'après cette dernière les coagulants (F(E1), F(E2) et F(E3)) préparés à base de fer à différentes concentration d'eau de mer se trouveraient ainsi principalement sous forme de Magnesioferrite $(Mg Fe_2 O_4)$.

Pour le composé synthétique F(E4), l'abondance et le mélange des pics montrent que les phases cristallines sont imbriquées les unes aux autres. Ceci montre que les composés sont mélangés entres eux, la présence de NaCl avec l'akagénite de formule β FeOOH pouvant donner par ailleurs d'autres éléments de formule générale β Fe O $_{(1-X)}$ OH $_{(1+X)}$ Cl $_X$ (MISAWA T. et al, 1974).

III.2.3.2. Caractérisation élémentaire

La détermination de la composition inorganiques et leurs pourcentages pour des structures coagulantes/adsorbantes F(E1), F(E2), F(E3) et F(E4) a été fait par ICP –AES.

Tableau 23 : Composition élémentaire (mg g^{-1}) des coagulants synthétiques à base de fer.

Eléments	Coagulants à base du fer			
	F(E1)	F(E2)	F(E3)	F(E4)
Al	1,111	0,664	2,929	10,6
Ca	2,811	1,968	4,52	0,17
Cl	0,3	4,81	60,12	96,6
Co	0,035	0,039	0,021	0,01
Cr	0,164	0,292	0,11	0,056
Cu	0,07	0,237	0,038	0,02
Fe	460,075	468,765	371,14	108
K	0,19	0,322	1,762	1,90
Mg	2,399	2,329	30,414	103
Mn	1,307	1,414	0,941	0,567
Na	1,311	5,405	38,049	10,4
P	0,043	0,06	0,017	0,01
Si	5,804	5,839	4,237	5,4

D'après les résultats regroupés dans le tableau 23, on peut remarquer que les coagulants synthétiques contiennent de faibles teneurs en éléments toxiques provenant de l'eau de mer qui, elle-même, est faiblement toxique avec des pourcentages élevés des autres composés entrant dans la préparation des coagulants à base de fer.

Pour ces coagulants, le pourcentage de fer atteint une valeur de 46% pour (F(E1) et F(E2)) dans le cas d'une forte et moyenne dilution en eau de mer et seulement une valeur de 30% pour F(E3) dans le cas d'une dilution faible, et seulement 15% dans le cas de préparation dans l'eau de mer, avec une augmentation du pourcentage de sodium et de chlorure.

Conclusion générale

On observe une stabilisation du pourcentage de magnésium et de calcium dans le cas de (E1 et E2) pour une forte et moyenne dilution en eau de mer et une forte concentration de ces élements dans le cas de (E3) pour une faible dilution en eau de mer.

III.2.3.3. Étude granulométrique

Pour déterminer la taille ainsi que le pourcentage des particules colloïdales pour des structures coagulantes/adsorbantes F(E1), F(E2) et F(E3) par l'appareil zêtaphorémata.

La figure 33 représente la répartition des pourcentages des particules colloïdales en fonction du potentiel zêta des coagulants à base de fer.

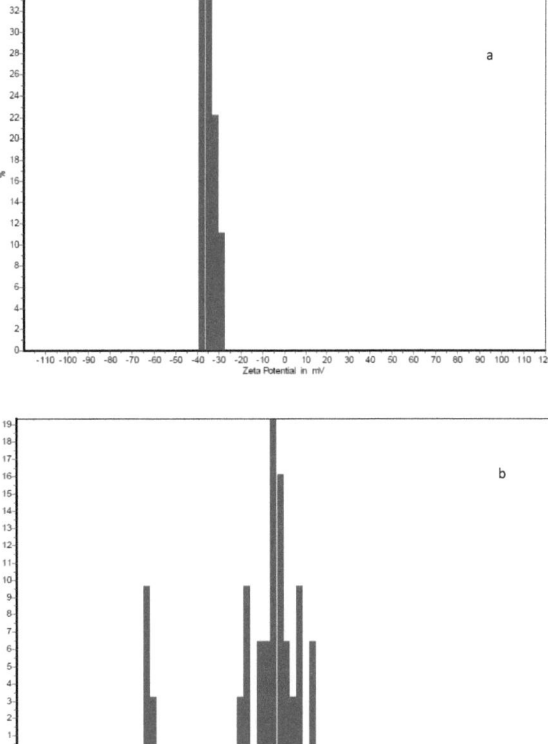

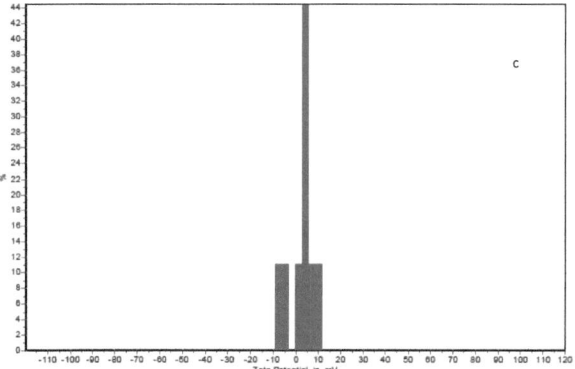

Figure 33: Potentiel zêta des particules colloïdales des structures coagulantes/adsorbantes à base de fer F(E1), F(E2) et F(E3) pour une concentration de NaCl de 10^{-2}, 10^{-1} et 0,3 mol L^{-1}.

D'après cette figure 33, on peut remarquer que ces coagulants existent avec un pourcentage élevé sous formes de colloïdes qui sont, dans le cas de F(E1), sous forme négative, expliquant le caractère répulsif de ces coagulants.

Pour le coagulant F(E2), 50% des particules ont un caractère attractif et 50% des particules on un caractère répulsif, par contre, dans le cas de F(E3), on observe un caractère attractif importantdes particules.

La figure 34 représente les graphes de la granulométrie laser des composés synthétiques F(E1), F(E2) et F(E3)

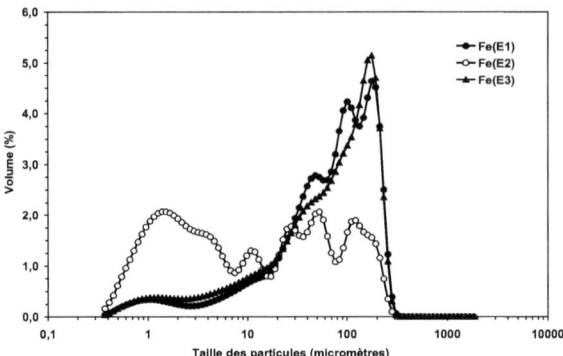

Figure 34 : Répartition de la taille des particules des structures coagulantes/adsorbantes à base de fer.

Les coagulants à base de fer préparés avec une faible et forte concentration d'eau de mer (F(E1), F(E3)), contiennent 80% de particules ayant des tailles comprises entre 20 et 200 µm avec 20% de celles-ci à des valeurs inférieures à 20µm, tandis que le coagulant F(E2) contient 30% des particules dont la taille est comprise entre 20 à 200µm avec 65% d' entre elles avec des valeurs inférieures à 20µm.

III.2.4. Efficacité épuratoire des structures coagulantes/adsorbantes à base de fer

III.2.4.1. Étude de l'efficacité des structures dans des solutions polluées par le trypan bleu et le potassium indigo trisulfonate

Le Tableau 25 regroupe les pH et les conductivités finaux des solutions étudiées, les rendements d'élimination exprimé en absorbance, ainsi que le rendement d'élimination exprimé en COD après traitement à l'aide des trois coagulants (F(E1), F(E2), F(E3) à une concentration de 3 g L^{-1}.

Conclusion générale

Tableau 24 : Valeurs de pH finaux, de la conductivité, du rendement d'élimination de la couleur (Abs) et du carbone organique dissous (COD) suite à l'addition des structures coagulantes/adsorbantes dans des solutions colorées par le trypan bleu ou le potassium indigo trisulfonate.

Paramètres	Initial	Coagulants (3 g L^{-1})		
		F(E1)	F(E2)	F(E3)
Trypan bleu				
pH	7.08	6.76	6.77	7.04
Conductivité (µs cm^{-1})	10,25	40,9	79.1	950
Couleur (% enlèvement)	0	99.11	98.11	99.66
COD (% enlèvement)	0	97	95	97
Potassium indigo trisulfonate				
pH	7.10	6.89	6.81	6.84
Conductivité (µs cm^{-1})	31	46.8	96	856
Couleur (% enlèvement)	0	51	33	47
COD (% enlèvement)	0	43	38	40

Les solutions colorées par le trypan et le potassium indigo trisulfonate se trouvent initialement à pH neutre (tableau 24).

Pour les différents essais, le pH diminue légèrement pour les différents coagulants préparés à différentes concentration d'eau de mer (F(E1), F(E2), F(E3)) vers des valeurs ou les structures se trouvent principalement sous forme de Fe(OH)$_3$ et d'autres formes positives du fer, pour laquelle l'hydroxyde de fer devient prédominant et permet l'adsorption totale des colorants synthétiques.

Pour l'ensemble des essais, la conductivité augmente en fonction des concentrations en électrolyte support utilisées lors de la préparation des coagulants synthétiques, montrant l'existence des différents ions dans la solution.

On observe une variation du pourcentage de décoloration et du carbone organique dissous sur les courbes (Tableau 24) représentant ces derniers en fonction de la concentration d'eau de mer utilisée dans la préparation des coagulants ,pour les coagulants à base de fer (F(E1), F(E2) et F(E3)) lorsqu' on augmente la concentration d'eau de mer .

La décoloration par des coagulants à base de fer atteint un pourcentage maximal proche de 51%, avec une légère diminution du COD dans le cas du potassium indigo trisulfonate, et une élimination presque totale du carbone organique dissous dans des solutions polluées par le trypan bleu avec un pourcentage de décoloration de 99%.

III.2 .4.2. Étude de l'efficacité des structures dans des solutions polluées par l'acide oxalique et le bisphénol

Le Tableau 25 représente les pH finaux des solutions neutres, la conductivité, le rendement d'élimination exprimé en absorbance, ainsi que le rendement d'élimination exprimé en COD pour les trois coagulants à une concentration de 3 g L^{-1}.

Tableau 25 : Valeurs de pH finaux, de la conductivité, du rendement d'élimination de la couleur (Abs) et du carbone organique dissous (COD) suite à l'addition des structures coagulantes/adsorbantes dans des solutions contaminées par l'acide oxalique ou le bisphénol à pH neutre.

Paramètres	Initial	Coagulants (3 g L^{-1})		
		F(E1)	F(E2)	F(E3)
Acide oxalique				
pH	7.18	7.42	7.37	7.49
Conductivité (µs cm^{-1})	43.8	45.6	109.5	875
Couleur (% enlèvement)	0	64.04	75.66	76.65
COD (% enlèvement)	0	46	50	58

Bisphénol				
pH	7.09	6.28	6.6	7
Conductivité ($\mu s\ cm^{-1}$)	40.2	49.1	85.1	826
Couleur (% enlèvement)	0	41.62	22.81	54.85
COD (% enlèvement)	0	36	21	47

Dans le cas des solutions pollués par l'acide oxalique, on observe une augmentation du pH vers une valeur favorisant la formation de l'hydroxyde de fer, où celui-ci reste principalement sous forme solide et stable à ce pH .Par contre, dans le cas de bisphénol, on observe une diminution de pH avec une dépollution faible.

Ces coagulants sont des bons adsorbants vis-à-vis de l'acide oxalique, avec une efficacité d adsorption qui augmente en fonction de la dilution en eau de mer, et une plus forte élimination dans le cas du coagulant F (E3) ,montrant que la dilution de l'eau de mer dans la préparation des coagulants à un effet sur l'élimination des solutions contaminées par des matières organiques.

Le pourcentage d'adsorption, atteint, d'autre part, respectivement des valeurs de 64%,75% et 76 % pour F(E1),F(E2) et F(E3) dans le cas des solutions polluées par l'acide oxalique, et seulement 21% dans le cas de bisphénol, montrant que la nature de la matière organique à un effet sur le pourcentage d'élimination de celle-ci en fonction de la disponibilité des sites négatifs qu'elle comporte, ceux-ci pouvant être attirés par les coagulants synthétiques.

Pour l'ensemble des essais, la conductivité augmente en fonction de la concentration de l'électrolyte support, montrant la présence croissante des ions restants en solution.

III.2.4.3. *Étude de l'efficacité des structures dans des solutions contaminées par le chrome*

Le Tableau 26 représente la variation des pH finaux des solutions, de la conductivité, du rendement d'élimination du chrome pour les trois coagulants à une concentration de 3 g L^{-1}.

Tableau 26 : Valeurs de pH finaux, de la conductivité et rendement d'élimination du chrome suite à l'addition des structures coagulantes/adsorbantes dans des solutions contaminées par le sulfate de chrome ou le trioxyde de chrome

Paramètres	Initial	Coagulants (3 g L^{-1})		
		F(E1)	F(E2)	F(E3)
Sulfate de chrome				
pH	7.28	6.80	7.31	7.46
Conductivité ($\mu s\ cm^{-1}$)	30.1	51.6	109	925
Chrome (% enlèvement)	0	95.34	94.83	94.96
Trioxyde de chrome				
pH	6.96	7.16	7.04	7.19
Conductivité ($\mu s\ cm^{-1}$)	30.1	51.9	95.9	846
Chrome (% enlèvement)	0	64.96	36.81	37.41

D'après ce tableau, et lorsque les solutions sont polluées par du chrome trivalent et hexavalent, le pH varie légèrement pour les différents coagulants se trouvant dans la zone où l'hydroxyde de fer est prédominant. Cette légère variation du pH peut s'expliquer par l'adsorption du polluant sur des hydroxydes de fer (AMIRTHARAHAH et MILLS, 1982).

Pour les eaux polluées par le sulfate de chrome, le pourcentage de dépollution atteint 95%, par contre, dans le cas des eaux contaminées par le trioxyde de chrome le pourcentage de dépollution ne dépasse pas 47%, ce qui peut s'expliquer par le fait que ces coagulants ont une préférence sélective d'adsorption vis-à-vis des polluants contenant le chrome trivalent (Cr^{3+}).

III.2.4.4. Étude de l'efficacité des structures dans une solution contenant plusieurs polluants

Le tableau 27 montre les résultats pour les essais de traitement d'une solution synthétique 1 polluée par des colorants (le trypan bleu et le potassium indigo trisulfonate) et des matières organiques (l'acide oxalique et le bisphénol).

Tableau 27 : Valeurs de pH finaux, de la conductivité, du rendement d'élimination de la couleur (Abs) et du carbone organique dissous (COD) suite à l'addition des coagulants synthétiques dans un effluent synthétique à pH neutre

Paramètres	Initial	Coagulants (3 g L^{-1})		
		F(E1)	F(E2)	F(E3)
Effluent synthétique				
pH	7.08	7,23	7,21	7,2
Conductivité (μs cm^{-1})	49	79,7	115,7	819
Couleur (% enlèvement)	0	76,1	68,55	74,84
COD (% enlèvement)	0	69,95	64,42	75,01

D'après le tableau 27, le pH varie légèrement pour les différents coagulants, ce qui explique leur caractère adsorbant et leur stabilité puisqu'ils sont dans une zone de pH où l'hydroxyde de fer se trouve essentiellement sous forme solide (NEFF D.,2003)

Pour l'ensemble des essais, la conductivité augmente en fonction des concentrations de l'électrolyte support utilisé lors de la préparation des coagulants.

D'après les courbes de l'évolution du rendement d'élimination, on observe une élimination élevée de 75 % en termes de DCO dans le cas du coagulant F(E3) et une élimination presque identique pour les trois coagulants en termes d'absorbance.

D'après ces résultats, le rendement d'élimination des matières colorantes restent très élevé par rapport à l'élimination des autres matières organiques du fait de la disponibilité des doublets et des sites d'adsorption dans le cas des colorants.

III.2.4.5. Effet de la concentration des structures

La Figure 36 représente la variation, des pH finaux de la solution synthétique, du rendement d'élimination en termes d'absorbance, ainsi que celle du rendement d'élimination en termes de DCO, en fonction de la concentration des coagulants synthétiques.

La solution étudiée est constituée d'un mélange de polluants organiques et colorés (le trypan bleu, le potassium indigo trisulfonate, l'acide oxalique et le bisphénol).

Conclusion générale

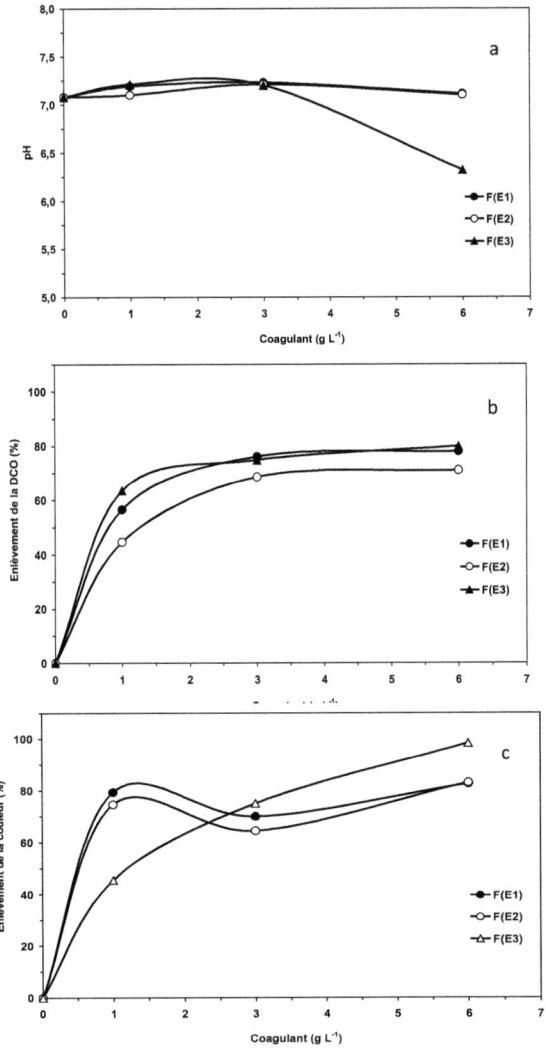

Figure 35 : Évolution temporelle du a) pH, b) rendement en DCO, c) rendement en couleur lors de la synthèse des coagulants synthétiques à base d'aluminium.

D'après la courbe de pH, on constate que les OH⁻ sont consommés par les hydroxydes de fer ce qui explique la diminution du pH, jusqu'à une valeur pour laquelle l'hydroxyde de fer devient prédominant et permet l'adsorption du rejet synthétique (Figure35).

Pour l'ensemble des essais, le pH à augmenté légèrement, passant de la valeur de 7.01 à une valeur de 7.5 avec une concentration de 3 g L^{-1}, puis subit une légère diminution, et se stabilise vers le pH de l'eau épurée à une valeur de l'ordre de 6 dans le cas de F(E3), ce qui s'explique par le fait que la capacité d'adsorption des structures est stable à ce pH.

D'après les courbes de la Figure 35, on constate une augmentation du rendement d'élimination de la DCO en fonction de la masse ajoutée des structures, jusqu'à une valeur maximale de 83 % dans le cas de F(E1) et F(E2) et qui atteint 98 % dans le cas de F(E3) pour une concentration de 3 g L^{-1} de coagulants.

Pour des concentrations supérieures à 1 g L^{-1}, on observe une légère diminution du rendement d'élimination de la couleur pour F(E1) et F(E2), jusqu'à atteindre un rendement de 70 % dans le cas de F(E1) et de 65 % pour F(E2). Ce phénomène peut être expliqué par la remise en solution des matières organiques par inversion du potentiel zêta.

III.2.4.6. Étude de l'efficacité des structures dans des solutions polluées par des composés organiques et inorganiques

La performance des structures a pu finalement être vérifiée dans des solutions contenant des polluants organiques et inorganiques (Tableau 28). La solution synthétique 1 est constituée des colorants tels que le trypan bleu et le potassium indigo trisulfonate et de deux autres composés organiques (acide oxalique et bisphénol). La solution synthétique 2 est constituée des deux colorants et des deux composés organiques cités précédemment et du chrome trivalent. La solution synthétique 3 est constituée des deux colorants, des deux composés organiques et du chrome hexavalent.

Tableau 28 : Valeurs de pH finaux, de la conductivité, du rendement d'élimination de la couleur (Abs) et du carbone organique dissous (COD) suite à l'addition des coagulants synthétiques dans différents effluents synthétiques.

Paramètres	Initial	Coagulants (6 g L^{-1})		
		F(E1)	F(E2)	F(E3)
Effluent synthétique 1				
pH	7.08	7,11	7,1	6,32
Conductivité (μs cm^{-1})	49	41,4	403	2360
Couleur (% enlèvement)	0	77,98	71,06	79,87
DCO (% enlèvement)	0	82,56	82,75	98,33
Effluent synthétique 2				
pH	7.09	5,71	4,15	5,6
Conductivité (μs cm^{-1})	52	96	182	804,2
Couleur (% enlèvement)	0	27,95	19,35	34,4
DCO (% enlèvement)	0	62,25	31,87	66,67
Effluent synthétique 3				
pH	7.18	6,52	6,11	6,8
Conductivité (μs cm^{-1})	57	87,8	95,9	504
Couleur (% enlèvement)	0	36,18	21,09	39,27
DCO (% enlèvement)	0	62,31	70,94	43,28

Lorsque les solutions sont polluées par un mélange de colorants et de matières organiques et inorganiques, le pH varie légèrement, sauf dans le cas de la solution synthétique 2, dans laquelle on observe une forte diminution du pH, ce qui peut suggérer que les structures ont un comportement où la coagulation est importante, alors que pour les solutions synthétiques 1 et 3, le processus d'adsorption semble l'emporter, car les coagulants restent sous forme solide à pH neutre.

III.2.5 Etude comparative entre l'électrocoagulation et la coagulation par adsorption

Dans les tableaux 30 a et b sont regroupés les résultats obtenus lors de la dépollution des eaux contaminées par des colorants, des matières organiques et des éléments toxiques par électrocoagulation en utilisant des électrodes en fer ou bien par coagulation direct à l'aide d'ajout de structures à base de fer préparées dans différentes concentrations d'eau de mer.

Tableau 30 : Valeurs de pH finaux, du rendement d'élimination de la couleur (Abs), du carbone organique dissous (COD) par :

a: le procédé d'électrocoagulation en utilisant des électrodes de fer

Procédé		Electrocoagulation		
Paramètres		Initial	10^{-2}M	10^{-1}M
Temps (min)		0	60	60
pH		7,18	11,53	12,03
Température (°c)		21	30	45
%DCO		0	74,82	71,2
%Abs		0	99,96	99,99
ICP	Fe (mg/g)	6,38	5,49	6,93
	Ca (mg/g)	38,14	37,25	39,69
	Cr (mg/g)	20,27	0,22	0,52
	Mg (mg/g)	11,68	2,96	3,27

b : le procédé de coagulation suite à l'ajout de structures à base de fer préparées à différentes concentrations d'eau de mer.

Procédé		Coagulation par adsorption		
Paramètres		Initial	F(E1)	F(E2)
pH		7,18	6,52	6,11
Conductivité (us/cm)		57,3	87,8	95,9
%DCO		0	62,31	70,94
%Abs		0	36,18	21,09
ICP	Fe (mg/g)	6,38	6,63	6,93
	Ca (mg/g)	38,14	15,1	24,6
	Cr (mg/g)	20,27	9,06	9,71
	Mg (mg/g)	11,68	6,62	55,52

Dans le cas des essais de dépollution obtenus par électrocoagulation avec une concentration de 10^{-2} mol/l d'eau de mer, le pH augmente jusqu'à une valeur de 11,53 qui peut être expliqué par le fait que les ions OH⁻ générés dans le milieu réactionnel précipitent sitôt formés et la concentration des ions OH⁻ devient constante ce qui stabilise le pH vers des valeurs basiques , par contre dans le cas de la coagulation par adsorption on observe une légère diminution de pH vers le pH de formation des hydroxydes de fer .

Le rendement optimum atteignant une valeur de 75% en termes de DCO et 99% en termes d'absorbance avec une élimination totale du chrome, par contre dans le cas de la coagulation, cette dépollution atteint une valeur de 62% en termes de DCO et 36% en termes d'absorbance avec une quantité de 6,63 mg/g en fer dissous et avec une élimination de 56% du chrome.

Pour l'ensemble des essais obtenus pour les structures à base de fer par électrocoagulation avec une concentration de 10^{-1} mol/l de l'électrolyte support, le pH augmente vers une valeur de 12,03 qui peut être expliqué par le fait que les ions OH⁻ générés dans le milieu réactionnel précipitent sitôt formés et la concentration des ions OH⁻ devient constante ce qui stabilise le pH.

Le rendement optimum atteint une valeur de 71% en termes de DCO et 99% en termes d'absorbance avec une élimination totale du chrome, par contre dans le cas de la coagulation, cette dépollution   atteint une valeur de 71%   en termes de DCO et 21% en termes d'absorbance avec une quantité de 6,93 mg de fer dissous par gramme de structure et une élimination de 55% du chrome.

Conclusion

La présente étude a permis la synthèse de trois structures coagulantes/adsorbantes à base de fer par électrocoagulation dans différentes solutions d'eau de mer diluées utilisées comme électrolyte support.

La caractérisation par DRX des trois structures a permis d'identifier les principales phases cristallines présentes dans ces dernières. Les coagulants à base de fer (F(E1), F(E2) et F(E3)) préparés à différentes concentrations d'eau de mer se trouvent principalement sous forme de Magnesioferrite ($MgFe_2O_4$).

L'analyse élémentaire a montré que la teneur en fer atteint une valeur de 50% dans les cas de préparation des coagulants dans l'eau de mer avec une forte et moyenne dilution ((E1) et (E2)) et seulement une valeur de 30% dans le cas d'une dilution faible de l'eau de mer ((E3)).

L'étude de la capacité épuratoire de ces structures a révélé que celles-ci sont moins performantes pour l'élimination des colorants de type organique que pour celles des colorants de type azoïque, avec un pourcentage maximum atteignant une valeur de 51% dans le cas du potassium indigo trisulfonate et une élimination presque totale dans le cas des solutions contaminées par le trypan bleu.

En ce qui concerne les solutions polluées par l'acide oxalique, le rendement d'élimination est de l'ordre de 64% en terme de DCO, par contre dans le cas de la solution de bisphénol à la même concentration, le rendement d'élimination maximum ne dépasse pas 55% dans le cas de F(E1) et F(E3) et 24% dans le cas de F(E2).

Dans le cas des solutions polluées par le chrome trivalent, le pourcentage de dépollution atteint une valeur de 95%, par contre, dans le cas des eaux contaminées par le chrome hexavalent le pourcentage de dépollution n'atteint que 47%.

Cette étude a démontré un très bon potentiel épurateur des structures coagulantes/adsorbantes à base de fer générées par électrocoagulation indirecte avec des électrodes de fer dans des solutions diluées d'eau de mer utilisées comme électrolyte support. Cette recherche pourra aussi se poursuivre afin d'évaluer la faisabilité technico-économique de la production de ces structures et comparer leur performance par rapport aux autres coagulants et adsorbants disponibles sur le marché pour le traitement des eaux usées.

III.3 Structure coagulante/adsorbante à base de fer/aluminium

III.3.1. Préparation des structures coagulantes/adsorbantes à base du fer/aluminium

La Figure 36 montre la variation du courant électrique et du pH en fonction du temps lors de la préparation des structures synthétiques dans différentes concentrations d'eau de mer.

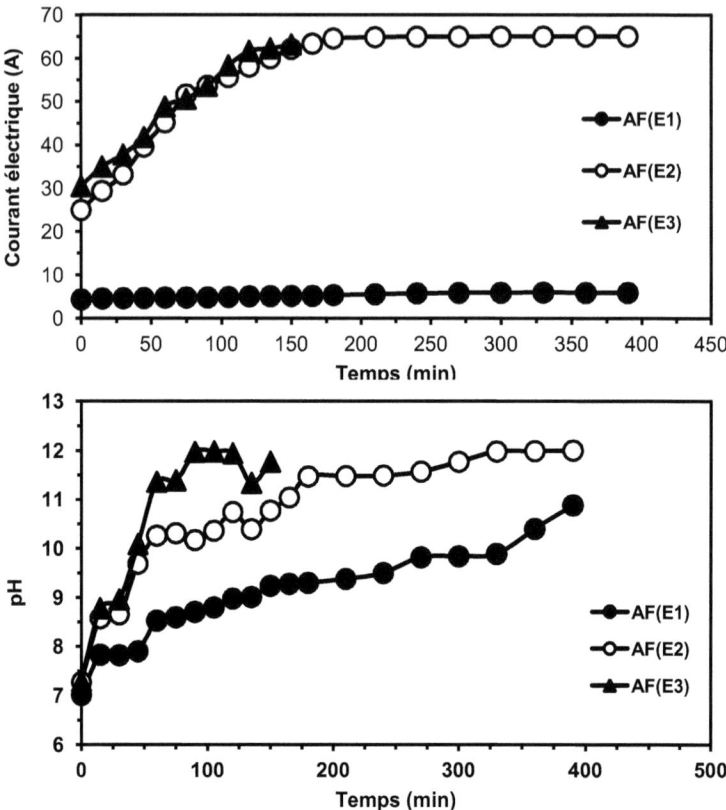

Figure 36: Évolution temporelle du courant électrique et du pH lors de la synthèse des coagulants synthétiques à base de fer/aluminium.

III.3.2. Etude de la masse formée et l'énergie consommée des structures coagulantes/adsorbantes à base de fer/aluminium

Sur le Tableau 31 sont regroupés la masse formée et l'énergie consommée (Eg) pour former 1 kg de structure pour les trois coagulants à base de fer.

Conclusion générale

Tableau 29 : masse formé et l'énergie consommée (Eg) des coagulants à base de fer/aluminium

Composés synthétiques	AF(E1)	AF(E2)	AF(E3)
Masse formé (g/l)	10,6	141	230
Energie consommée (Eg) (Kwh Kg^{-1})	9,27	6,13	3,91

Pour l'ensemble des coagulants, on observe une augmentation de la masse avec une diminution de l'énergie consommé (Eg) lorsqu' on augmente la concentration de NaCl.

III.3.3. Caractérisation des structures coagulantes/adsorbantes à base du fer/aluminium

III.3.3.1. Caractérisation microscopique des structures

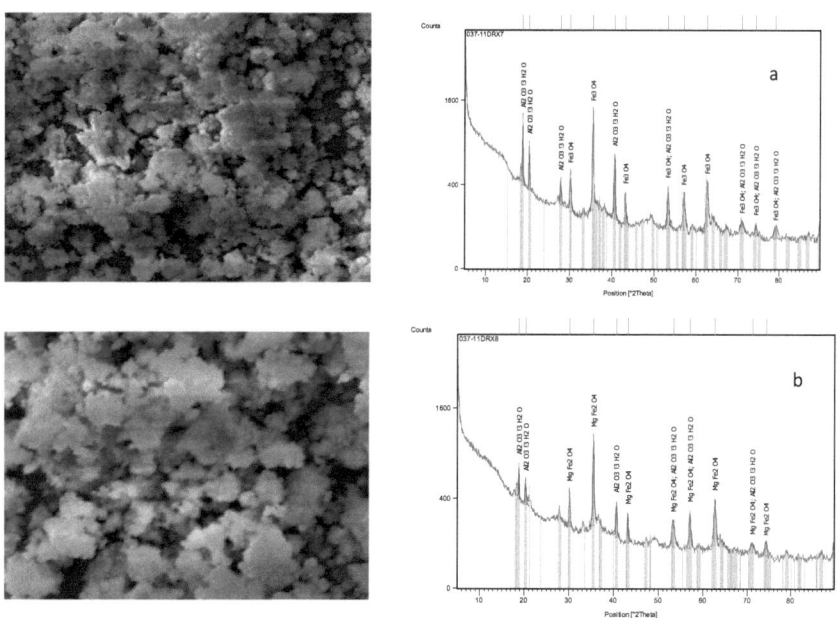

Conclusion générale

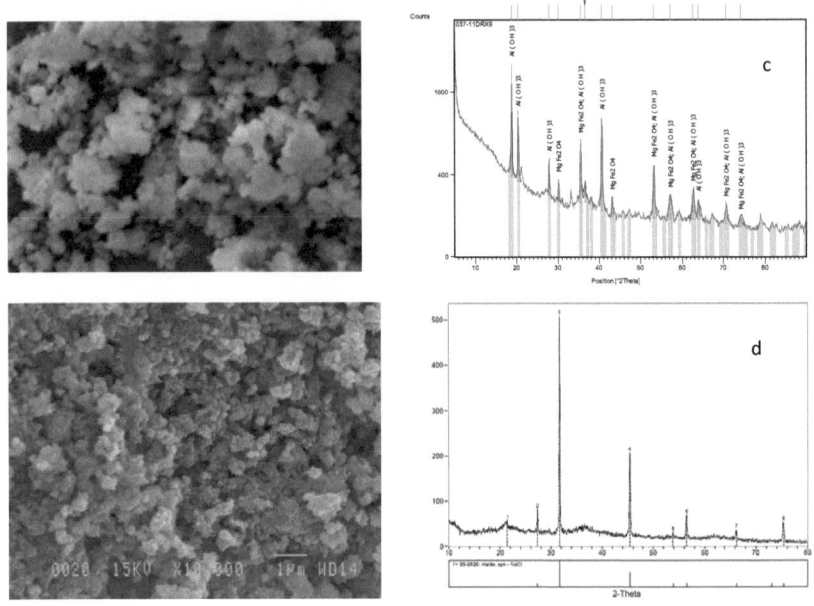

Figure 37: Analyse par DRX et microphotographies (MEB) des structures coagulantes/adsorbantes à base du fer/aluminium.

a : structure coagulante/adsorbantes AF(E1), [NaCl]=10^{-2}mol L^{-1}.

b : structure coagulante/adsorbantes AF(E2), [NaCl]=10^{-1}mol L^{-1}.

c : structure coagulante/adsorbantes AF(E3), [NaCl]=0,3mol L^{-1}.

d : structure coagulante/adsorbantes AF(E3), [NaCl]=0,6mol L^{-1}.

Le tableau suivant montre les différentes phases cristallines trouvées par DRX des composés synthétiques AF(E1), AF(E2), AF(E3) et AF(E4)

Tableau 30 : Les phases cristallines des Coagulant/adsorbant du AF(E1), AF(E2), AF(E3) et AF(E4).

Coagulant/adsorbant à base du fer/aluminium	Coagulant AF(E1)	Coagulant AF(E2)	Coagulant AF(E3)	Coagulant AF(E4)
Phases cristallines	Fe_3O_4 $Al_2O_3, 3H_2O$	$MgFe_2O_4$ $Al_2O_3, 3H_2O$	$MgFe_2O_4$ $Al_2O_3, 3H_2O$	Halite: NaCl

La figure 37 et le tableau 30 représentent les pics et les phases de Diffraction aux Rayons X des coagulants (AF(E1), AF(E2), AF(E3) et AF(E4)) préparés en utilisant deux plaques de chaque métal à différentes concentration d'eau de mer. Les structures formées se trouveraient principalement sous forme de Magnesioferrite (Mg $Fe_2 O_4$) et $Al_2O_3, 3\ H_2O$ sauf dans le cas de AF(E4).

La présence de l'halite de formule NaCl seul peut s'expliquer, par la prédominance de NaCl sur les autres composés, celui-ci les entourant totalement, ou la présence de ces composés sous forme amorphe.

III.3.3.2. Caractérisation élémentaire

Pour déterminer la composition inorganique et leurs pourcentages pour des structures coagulantes/adsorbantes AF(E1), AFE2) et AF(E3) par ICP –AES.

Le tableau 32 montre les pourcentages des éléments inorganiques dans les coagulants synthétiques.

Tableau 31 : Composition élémentaire (mg g^{-1}) des coagulants synthétiques à base d'aluminium.

Éléments	Coagulants à base du fer/aluminium			
	AF(E1)	AF(E2)	AF(E3)	AF(E4)
Al	296,395	105,022	238,865	50,3
Ca	3,244	2,884	3,21	74,7
Cl	0,9	5,156	37,89	70,5
Co	0,0007	0,02	0,006	0,008
Cr	0,013	0,0147	0,049	0,065
Cu	0,013	0,13	0,03	0,06
Fe	118,881	306,68	110,929	89,3

K	0,26037	0,341	1,606	1,5
Mg	4,439	3,363	11,87	56,7
Mn	0,07	0,852	0,291	0,5
Na	2,78	4,394	30,525	45,5
P	0,02	0,03	0,005	0,007
Si	0,635	3,57168	1,458	2,8

D'après les résultats du Tableau 31, on peut remarquer que les coagulants (AF(E1), AF(E2), AF(E3)) contiennent de faibles teneurs en éléments toxiques provenant de l'eau de mer qui, elle-même, est faiblement toxique avec des pourcentages élevés des autres composés tels que l'aluminium et le fer, entrant dans la préparation des coagulants à base de fer et aluminium.

Pour les coagulants AF(E1) et AF(E3) à respectivement faible concentration et forte concentration en eau de mer, le pourcentage d'aluminium est deux fois plus élevé que le pourcentage de fer. Dans le cas du coagulant AF(E2) préparé dans une concentration moyenne d'eau de mer, le pourcentage de fer est deux fois plus élevé que celui d'aluminium, avec une augmentation du pourcentage de sodium, magnésium et calcium, par contre dans le cas des coagulants AF(E4), on observe une teneur élevée de calcium et de magnésium par rapport au teneur d'aluminium et l'inverse pour le fer.

III.3.3.3. Etude granulométrique

Pour déterminer la taille ainsi que le pourcentage des particules colloïdales pour des structures coagulantes/adsorbantes AF(E1), AF(E2) et AF(E3).

La figure 38 représente la répartition des pourcentages des particules colloïdales des coagulants (AF(E1), AF(E2), AF(E3)).

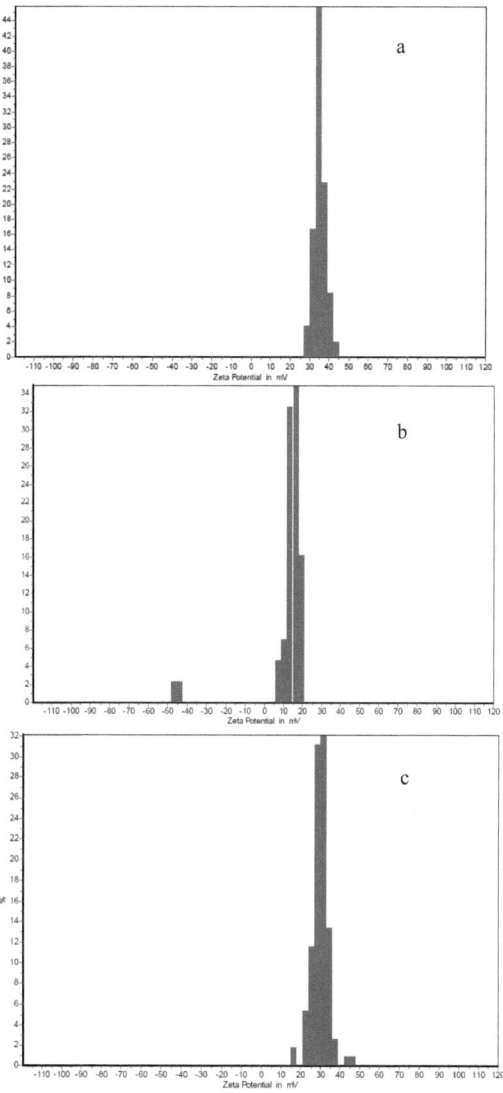

Figure 38 : Répartition des particules colloïdale des différents coagulants obtenus des coagulants à base de fer/aluminium (AF(E1), AF(E2), AF(E3)).

a : Coagulants à base d'aluminium AF(E1), [NaCl]=10^{-2}mol/l.

b : Coagulants à base d'aluminium AF(E2), [NaCl]=10^{-1}mol/l.

c : Coagulants à base d'aluminium AF(E3), [NaCl]=0,3mol/l.

Conclusion générale

D'après la figure 38 on peut remarquer que dans le cas des trois types des coagulants AF(E1), AF(E2) et AF(E3), un grand pourcentage des colloïdes sont sous forme positive, expliquant le caractère attractif de ce coagulant. Ces effets électro-phorétique des coagulants dans l'eau, traduisent la mobilité des colloïdes de ces coagulants.

La figure 39 représente les graphes de granulométrie laser des composés synthétiques AF(E1), AF(E2) et AF(E3).

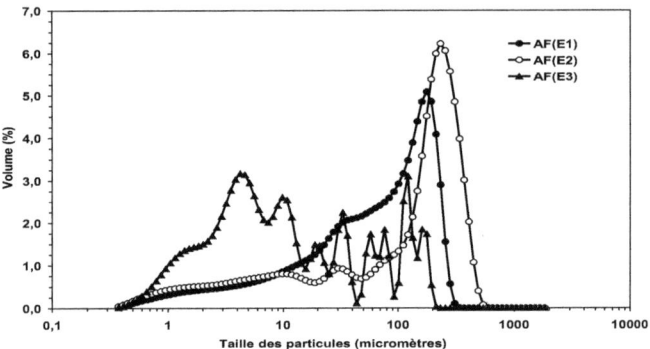

Figure 39 : Répartition de la taille des particules des structures coagulantes/adsorbantes à base du fer/aluminium.

La Figure 39 montre la répartition des pourcentages des particules des coagulants synthétiques. Les coagulants (AF(E2), AF(E3)) contiennent plus de 50% des particules avec une taille comprise entre 4 et 40 µm avec un faible pourcentage de particules dont la taille est supérieure à 40µm, tandis que (AF(E1)) contient une majorité de particules avec des tailles comprises entre 2µm et 200µm. Ces résultats montrent que AF(E2) et AF(E3) comportent des particules de taille plus petite que le coagulant AF(E2).

III.3.4. Efficacité épuratoire des structures coagulantes/adsorbantes à base du fer/aluminium

III.3.4.1. Étude de l'efficacité des structures dans des solutions polluées par le trypan bleu et le potassium indigo trisulfonate

Le tableau 32 représente la variation des pH finaux des solutions neutres colorées, les valeurs des conductivités, des rendements d'élimination exprimés en absorbance ainsi que des rendements d'élimination exprimés en carbone organique dissous (COD) pour les trois coagulants à une concentration de 3 g L^{-1}.

Tableau 32 : Valeurs de pH finaux, de la conductivité, du rendement d'élimination de la couleur (Abs) et du carbone organique dissous (COD) suite à l'addition des structures coagulantes/adsorbantes dans des solutions colorées par le trypan bleu ou le potassium indigo trisulfonate

Paramètres	Initial	Coagulants (3 g L^{-1})		
		AF(E1)	AF(E2)	AF(E3)
Trypan bleu				
pH	7.08	5,91	6,1	6,09
Conductivité ($\mu s\ cm^{-1}$)	10,25	29,2	90,9	300
Couleur (% enlèvement)	0	99,11	99,88	99,86
COD (% enlèvement)	0	79,6	79,6	84,2
Potassium indigo trisulfonate				
pH	7.10	6,6	6,45	6,86
Conductivité ($\mu s\ cm^{-1}$)	30,8	50,3	92	623
Couleur (% enlèvement)	0	97	96	73
COD (% enlèvement)	0	78,6	72	58,6

Lorsqu'on ajoute une masse des coagulants ((AF(E1), AF(E2), AF(E3)) correspondant à une concentration de 3 g L^{-1}, dans la solution colorée par le potassium indigo trisulfonate à pH neutre, le pH initial du colorant synthétique diminue légèrement vers le pH de formation des hydroxydes de fer et d'aluminium pour les différents coagulants préparés.

Cette légère diminution du pH peut s'expliquer par la dissolution partielle des coagulants en ions Al^{3+} Fe^{3+} et OH^- et aussi la libération de Mg^{2+} et Ca^{2+} dans le surnageant provenant des coagulants à base d'oxydes, d'hydroxydes d'aluminium selon la réaction suivante:

$$M(OH)_3^0 \longleftrightarrow M^{3+} + 3^-OH \quad \text{M: Fe, Al M: Fe, Al: matière organique} \quad (1)$$

Les ions de fer et d'aluminium sont ensuite complexés par le colorant, laissant les ions ^-OH libres, selon la réaction:

$$M^{3+} + nMO \longleftrightarrow [M(MO)_n]^{3+} \quad \text{MO: matière organique} \quad (2)$$

Pour une valeur de pH proche de la neutralité, une réaction d'échange se produit (réaction 3), provoquant une diminution du pH par consommation des ions -OH et donnant lieu à l'hydroxyde d'aluminium sur lequel les molécules du colorant vont s'adsorber suivant la réaction:

$$[M(MO)_n]^{3+} + 3OH^- \longleftrightarrow [M(OH)_m(MO)_{n-m}]^{(3-m)+} + (3-m)OH^- + mMO \quad (3)$$

Pour l'ensemble des essais, la conductivité augmente en fonction des concentrations de l'électrolyte support, montrant la présence croissante d'ions libres en solution.

Dans le même tableau (tableau 32), on observe une augmentation du pourcentage de décoloration et du carbone organique dissous pour les trois coagulant utilisés AF(E1), AF(E2) et AF(E3) en fonction de la concentration d'eau de mer utilisés pour la préparation de ces derniers, Le pourcentage maximum atteint une valeur de 97% dans le cas des solutions colorées par le potassium indigo trisulfonate dans le cas du coagulant AF(E1) préparés dans une faible concentration d'eau de mer correspondant à une concentration de NaCl de 10^{-2} Mol L^{-1} Une décoloration totale (99%) a été observé pour les trois coagulants dans le cas de la dépollution des solutions colorées par le trypan bleu avec une légère diminution de carbone organique dissous (COD).

III.3.4.2. Étude de l'efficacité des structures dans des solutions polluées par l'acide oxalique et le bisphénol

Le tableau 33 représente les pH finaux obtenus dans le cas des solutions neutres polluées, les valeurs des conductivités, des rendements d'élimination exprimés en absorbance ainsi que des rendements d'élimination exprimés en carbone organique dissous (COD) pour les trois coagulants à une concentration de 3 g L^{-1} respectivement polluée par l'acide oxalique et bisphénol.

Tableau 33 : Valeurs de pH finaux, de la conductivité, du rendement d'élimination de la couleur (Abs) et du carbone organique dissous (COD) suite à l'addition des structures coagulantes/adsorbantes dans des solutions contaminées par l'acide oxalique ou le bisphénol à pH neutre

Paramètres	Initial	Coagulants (3 g L^{-1})		
		AF(E1)	AF(E2)	AF(E3)
Acide oxalique				
pH	7.18	6,49	7,17	7,24
Conductivité (µs cm^{-1})	43,8	50,6	106	607
DCO (% enlèvement)	0	76,65	86,17	87,99
COD (% enlèvement)	0	80,4	89,6	91,9
Bisphénol				
pH	7.09	5,9	6,49	6,98
Conductivité (µs cm^{-1})	40,2	45	93,2	836
DCO (% enlèvement)	0	73,05	10	72,57
COD (% enlèvement)	0	19,2	25,1	20

Pour les différents essais, le pH varie légèrement pour les différents coagulants préparés à différentes concentration en eau de mer ((AF(E1), AF(E2), AF(E3)), se situant dans une zone de pH où les coagulants restent principalement sous une forme solide stable et absorbante dans le cas de l'acide oxalique, expliquant le rendement d'élimination de la DCO important (plus de 86 %), Il est beaucoup plus faible dans le cas du bisphénol.

Pour l'ensemble des essais, la conductivité augmente en fonction de la concentration de l'électrolyte support, montrant la présence croissante des ions restants en solution.

III.3.4.3. Étude de l'efficacité des structures dans des solutions contaminées par le chrome

Le tableau 34 représente la variation des pH finaux des solutions neutres, de la conductivité, du rendement d'élimination (ICP) pour les trois concentrations de l'électrolyte support (eau de mer) avec une concentration de 3g/l des coagulants ((AF(E1), AF(E2), AF(E3)) lorsque les solutions sont polluées par des éléments toxiques (sulfate de chrome et trioxyde de chrome) à pH neutre.

Tableau 34 : Valeurs de pH finaux, de la conductivité et rendement d'élimination du chrome suite à l'addition des structures coagulantes/adsorbantes dans des solutions contaminées par le sulfate de chrome ou le trioxyde de chrome

Paramètres	Initial	Coagulants (3 g L^{-1})		
		AF(E1)	AF(E2)	AF(E3)
Sulfate de chrome				
pH	7.28	6,95	7,12	7,64
Conductivité (µs cm^{-1})	30,1	65	132,2	469
Chrome (% enlèvement)	0	96,34	96,09	95,71
Trioxyde de chrome				
pH	6.96	6,9	6,8	7,05
Conductivité (µs cm^{-1})	30	49,8	94,5	599
Chrome (% enlèvement)	0	85,87	85,27	61,99

D'après ce tableau, le pH varie légèrement pour les différents coagulants ((AF(E1), AF(E2), AF(E3)). Cette légère variation du pH peut s'expliquer par la dépollution par adsorption sur les hydroxydes de fer et d'aluminium solides chargés positivement, (AMIRTHARAHAH et al, 1982).

Pour les eaux polluées par le sulfate de chrome, le pourcentage de dépollution atteint 96%, par contre, dans le cas des eaux contaminées par le trioxyde de chrome, le pourcentage de dépollution atteint seulement 85% dans le cas de coagulants ((AF(E1), AF(E2)) et un pourcentage de 62% dans le cas de AF(E3)), ce qui peut s'expliquer par le fait que ces coagulants ont une grande capacité d'adsorption des polluants contenant le chrome 3.

III.3.4.4. Étude de l'efficacité des structures dans une solution contenant plusieurs polluants

Le Tableau 35 regroupe les résultats des essais relatifs au traitement d'une solution synthétique polluée par deux colorants (le trypan bleu et le potassium indigo trisulfonate) et deux matières organiques (l'acide oxalique et le bisphénol) à pH neutre, avec une concentration de coagulant de 3 g L^{-1}.

Tableau 35 : Valeurs de pH finaux, de la conductivité, du rendement d'élimination de la couleur (Abs) et du carbone organique dissous (COD) suite à l'addition des coagulants synthétiques dans un effluent synthétique à pH neutre

Paramètres	Initial	Coagulants (3 g L^{-1})		
		AF(E1)	AF(E2)	AF(E3)
Effluent synthétique				
pH	7.08	7,3	7,25	7,1
Conductivité ($\mu s\ cm^{-1}$)	49	89,6	230	603
Couleur (% enlèvement)	0	93,71	91,19	77,35
DCO (% enlèvement)	0	97,6	83,4	78,5

Lorsque les solutions sont polluées par un mélange de colorants et de matières organiques à pH neutre (tableau 35) le pH varie légèrement pour les différents coagulants, ceci pouvant être dû au fait que les coagulants ajoutés ont un caractère stable à ces pH et que la dépollution peut avoir lieu plus par adsorption que par coagulation (AMIRTHARAHAH et al, 1982).

D'après le tableau 35 on observe que le rendement d'élimination en termes d'absorbance est plus élevé qu'en termes de DCO, ce qui peut être expliqué par le fait que ces adsorbants ont plus d'efficacité sur les colorants que sur les matières organiques (BENSAID, 2009, ZIDANE et al. 2011).

Conclusion générale

Pour l'ensemble des essais, la conductivité augmente en fonction des concentrations en l'électrolyte support.

Afin d'étudier l'effet de la concentration des coagulants ajoutés, un suivi des differents paramètres a été effectué dans le rejet synthétique dans différentes concentrations des coagulants synthétiques à base de fer et d'aluminium.

III.3.4.5. Effet de la concentration des coagulants

La Figure 40 représente la variation des pH finaux de la solution synthétique, du rendement d'élimination en termes de l'absorbance, ainsi que le rendement d'élimination en termes de DCO en fonction de la concentration des coagulants.

La solution synthétique est constituée d'un mélange de polluants organiques et colorés (trypan bleu, potassium indigo trisulfonate, acide oxalique et bisphénol).

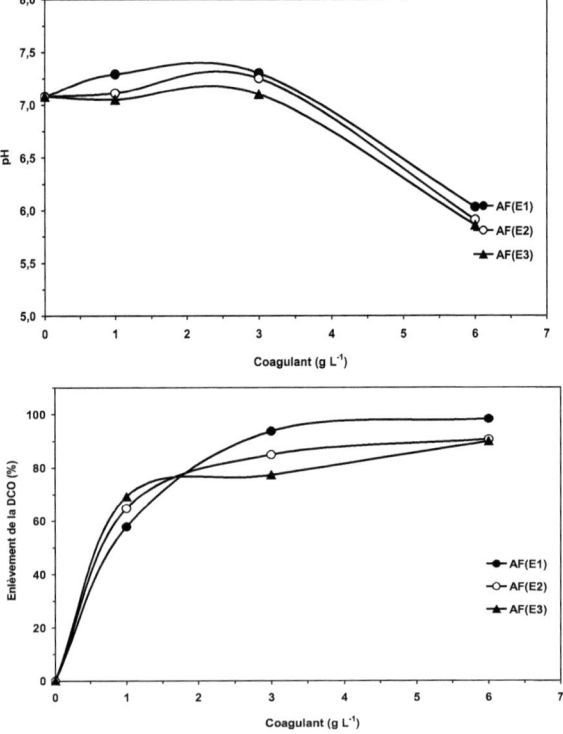

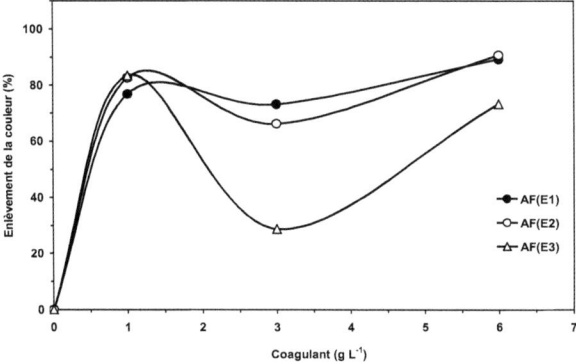

Figure 40 : pH finaux de la solution synthétique, du rendement d'élimination en termes de l'absorbance, ainsi que le rendement d'élimination en termes de DCO en fonction de la concentration des structures

Pour l'ensemble des essais, le pH varie légèrement, restant proche de la neutralité jusqu'à une concentration des coagulants synthétiques correspondant à une valeur de 2,5g/l, puis, diminue en fonction de la concentration de ces derniers. Cette diminution peut s'expliquer par un échange sur la surface des coagulants entre des ions hydroxyles présents en solutions et d'autres ions donnant une structure coagulante /adsorbante comportant des ions superficiels différents.

III.3.4.6. *Étude de l'efficacité des structures dans des solutions polluées par des composés organiques et inorganiques*

La performance des structures a pu finalement être vérifiée dans des solutions contenant des polluants organiques et inorganiques (Tableau 36). La solution synthétique 1 est constituée des colorants (le trypan bleu et le potassium indigo trisulfonate) et de deux autres composés organiques (acide oxalique et bisphénol). La solution synthétique 2 est constituée des deux colorants, des deux composés organiques et du chrome trivalent. La solution synthétique 3 est constituée des deux colorants, des deux composés organiques et du chrome hexavalent.

Tableau 36 : Valeurs de pH finaux, de la conductivité, du rendement d'élimination de la couleur (Abs) et du carbone organique dissous (COD) suite à l'addition des coagulants synthétiques dans différents effluents synthétiques.

Paramètres	Initial	Coagulants (6 g L^{-1})		
		AF(E1)	AF(E2)	AF(E3)
Effluent synthétique 1				
pH	7.08	6,03	5,91	5,86
Conductivité (μs cm^{-1})	49	136	422	965
Couleur (% enlèvement)	0	99,05	99,43	82,38
COD (% enlèvement)	0	89,09	90,45	78,98
Effluent synthétique 2				
pH	7.09	6	5,41	5,97
Conductivité (μs cm^{-1})	52	92,5	172,6	978,5
Couleur (% enlèvement)	0	97,95	98,92	68,81
Cr (III) (% enlèvement)	0	97,4	96,21	95,73
Effluent synthétique 3				
pH	7.18	6,07	5,9	6,31
Conductivité (μs cm^{-1})	57	85,7	95	747
Couleur (% enlèvement)	0	97,27	98,82	70,90
Cr (VI) (% enlèvement)	0	94,56	90,96	60,04

Lorsque les solutions sont polluées par un mélange de colorants et de matières organiques et inorganique, le pH diminue pour les trois solutions synthétiques, ce qui peut suggérer que les structures ont un comportement où l'adsorption est importante, car les coagulants restent sous forme solide à pH neutre.

III.3.5. Etude comparative entre l'électrocoagulation et la coagulation par adsorption

Dans les tableaux 37 a et b sont regroupés les résultats obtenus lors de la dépollution des eaux contaminées par des colorants, des matières organiques et des éléments toxiques par électrocoagulation par utilisation d'électrodes en fer ou bien par coagulation direct à l'aide d'ajout de structures à base de fer/aluminium préparées dans différentes concentrations d'eau de mer.

Tableau 37: Valeurs de pH finaux, du rendement d'élimination de la couleur (Abs), du carbone organique dissous (COD) par :

a: le procédé d'électrocoagulation en utilisant des électrodes de fer/aluminium

Procédé		Electrocoagulation		
Paramètres		Initial	10^{-2}M	10^{-1}M
Temps (min)		0	60	60
pH		7,18	10,3	10,81
Température (°c)		21	26	42
%DCO		0	3,54	96,34
%Abs		0	99	99,9
ICP	Al	10,85	4,43	11,09
	Fe	6,38	5,51	16,14
	Ca	38,14	27,28	49,88
	Cr	20,27	0,34	1,44
	Mg	11,68	1,17	10,2

Conclusion générale

b : le procédé de coagulation suite à l'ajout de structures à base de fer /aluminium préparées à différentes concentrations d'eau de mer.

Procédé		Coagulation par adsorption		
Paramètres		Initial	AF(E1)	AF(E2)
pH		7,18	6,07	5,9
conductivité (us/cm)		57,3	85,7	95
%DCO		0	84,8	85,22
%Abs		0	97,27	98,82
ICP	Al	10,85	12,34	22,76
	Fe	6,38	6,04	6,11
	Ca	38,14	34,56	31,02
	Cr	20,27	1,4	1,83
	Mg	11,68	11,23	11,12

Pour l'ensemble des essais obtenus pour les structures à base de fer/aluminium par électrocoagulation avec une concentration de 10^{-2} mol/l de l'électrolyte support, le pH augmente jusqu'à une valeur de 10,3, ce qui peut être expliqué par le fait que les ions OH^- générés dans le milieu réactionnel précipitent, sitôt formés et la concentration des ions OH^- devient constante, ce qui stabilise le pH vers des valeur basique , par contre, dans le cas de la coagulation où d'aluminium on observe une légère diminution de pH vers le pH de formation des hydroxydes de fer et d'aluminium .

Le rendement optimum dans le cas d'électrocoagulation atteint une valeur de 4% en termes de DCO et 99% en termes d'absorbance, avec une élimination totale du chrome, par contre, dans le cas de la coagulation, cette dépollution atteint une valeur de 85% en termes de DCO et 97% en termes d'absorbance, avec une élimination de 93% du chrome.

Pour l'ensemble des essais obtenus pour les structures à base de fer/aluminium par électrocoagulation avec une concentration de 10^{-1} mol/l de l'électrolyte support, le pH augmente vers une valeur de 10,81, qui peut être expliqué les ions OH^- générés dans le milieu réactionnel précipitent, sitôt formés, et la concentration des ions OH^- devient constante, ce qui stabilise le pH vers des valeurs basiques.Par contre, dans le cas de la coagulation on d'aluminium, on observe une léger diminution de pH vers le pH de formation des hydroxydes de fer et d'aluminium .

Le rendement optimum atteignant une valeur de 96% en termes de DCO et 99% en termes d'absorbance avec une élimination totale du chrome.par contre, dans le cas de la coagulation, cette dépollution atteint une valeur de 85% en termes de DCO et 99% en termes d'absorbance avec une élimination de 93% du chrome.

Conclusion

La présente étude a permis la synthèse de trois structures coagulantes/adsorbantes à base de fer/aluminium par électrocoagulation dans différentes solutions d'eau de mer diluées utilisées comme électrolyte support.

La caractérisation par DRX des trois structures a permis d'identifier les principales phases cristallines présentes dans ces dernières. Les coagulants à base de fer/aluminium (AF(E1), AF(E2) et AF(E3)) préparés à différentes concentrations en eau de mer se trouvent principalement sous forme de Fe_3O_4 ; Al_2O_3, $3H_2O$ sauf pour AF(E4) en observe seulement le NaCl.

L'analyse élémentaire a montré que la teneur d'aluminium est deux fois plus élevée que le pourcentage de fer pour les coagulants (AF(E1) et AF(E3)) respectivement faible concentration et forte concentration en eau de mer. Par contre, dans le cas du coagulant AF(E2) préparé dans une concentration moyenne d'eau de mer, le pourcentage de fer est trois fois plus élevé que celui d'aluminium, avec une augmentation du pourcentage de sodium, magnésium et calcium. Dans le cas des coagulants AF(E4), on observe une teneur élevée de calcium et magnésium par rapport au teneur d'aluminium et de fer.

L'étude de la capacité épuratoire de ces structures a révélé que celles-ci sont performantes pour l'élimination des colorants de type azoïque et organique, avec un pourcentage maximum atteignant une valeur de 97% dans le cas de potassium indigo trisulfonate et une élimination presque totale dans le cas des solutions contaminées par le trypan bleu.

En ce qui concerne les solutions polluées par l'acide oxalique, le rendement d'élimination atteint une valeur maximale de l'ordre de 88% en termes de DCO dans le cas de AF(E3). Par contre, dans le cas de solution de bisphénol à la même concentration, le rendement d'élimination maximum ne dépasse pas une valeur de 73% dans le cas de AF(E1).

Conclusion générale

Dans le cas des solutions polluées par le chrome trivalent, le pourcentage de dépollution est presque total, par contre, dans le cas des eaux contaminées par le chrome hexavalent, le pourcentage de dépollution atteint une valeur maximale de 86%.

Cette étude a démontré un très bon potentiel épurateur des structures coagulantes/adsorbantes à base de fer générées par électrocoagulation indirecte avec des électrodes d'aluminium dans des solutions diluées d'eau de mer utilisées comme électrolyte support. La recherche doit se poursuivre afin d'évaluer la faisabilité technico-économique de la production de ces structures, et comparer leur performance par rapport aux autres coagulants et adsorbants disponibles sur le marché pour le traitement des eaux usées.

III.4. Etude comparative des structures à base de fer et /ou d'aluminium

Le tableau 38 représente la variation des pH finaux, la masse formée ainsi que l'énergie consommé et les phases cristallines des différents structures coagulantes/adsorbants.

Tableau 38 : Comparaison des structures à base de fer et /ou d'aluminium

Electrolyte support	Aluminium		Fer		Fer/Aluminium	
	ER (10^{-2}M)	EM (10^{-2}M)	ER (10^{-2}M)	EM (10^{-2}M)	ER (10^{-2}M)	EM (10^{-2}M)
pH de l'électrolyte support	pHi=7,00 pHf=9,43	pHi=7,00 pHf=9,5	pHi=7 pHf=7,7	pHi=7 pHf=9,4	pHi=7 pHf=10,93	pHi=7 pHf=10,5
masse formée g/l	39,4	30,6	7,6	19,6	18,6	10,6
Energie consommée (Eg) (Kwh/kg)	3,87	2,55	14,4	4,1	6,07	9,27
Phase cristalline	$Al(OH)_3$	Al_2O_3, $3H_2O$	Fe_3O_4 γ-FeO(OH)	$MgFe_2O_4$	$Al(OH)_3$ α-FeO(OH)	Fe_3O_4 $Al_2O_3, 3 H_2O$
ICP (mg/g)	Al=571	Al=340	Fe=515	Fe=460	Fe=118,8 Al=296,39	Fe=190 Al=391

Lors de la préparation des coagulants à base de fer et/ou d'aluminium dans un milieu neutre pH=7, on observe une augmentation de pH vers une valeur de 9,5 pour le coagulant à base d'aluminium et de fer/aluminium dans les deux solutions électrolytiques, et vers une valeur de 7,7 pour le coagulant à base de fer dans la solution électrolytique à base d'eau de robinet, avec une concentration de 10^{-2} mol/l et 10,93 pour le coagulant à base de fer/aluminium.

Conclusion générale

Au cours de la réaction électrochimique, la quantité de $Al(OH)_3$ s'accroît, comme on pourrait s'y attendre, en raison de l'augmentation du pH, due aux ions OH^- libérés par la réaction d'hydrolyse de l'eau, et à la disponibilité des ions Al^{3+} libérés par la réaction de dissolution de l'électrode d'aluminium. Les ions hydroxyles remplacent progressivement les molécules d'eau dans les complexes hydrolysés d'aluminium aboutissant à $Al(OH)_3$, (ZIDANE et al., 2011, 2012).

Pour les composés préparés en utilisant quatre électrodes d'aluminium, la phase dominante est l'aluminium hydraté (Al_2O_3, $3H_2O$), de même nous pouvons observer que la Magnésioferrite, syn. ($MgFe_2O_4$) est la principale phase identifiée pour les composés synthétisés à l'aide de quatre électrodes de fer (ZIDANE F. et al., 2011, EL BASRI S. et al, 2011).

Les résultats d'analyses des coagulants adsorbants synthétisés à l'aide de deux électrodes d'aluminium et deux électrodes de fer dans l'eau de mer ($10^{-2}M$) nous permettent de conclure que ces matériaux sont composés respectivement par les phases cristallines suivantes : hydroxyde d'aluminium $Al(OH)_3$, car l'hydroxyde d'aluminium se trouve partiellement sous forme solide ainsi que le magnétite. Par contre, dans le cas des coagulants préparés dans l'eau de robinet($10^{-2}M$), on observe l'existence d'hydroxyde d'aluminium $Al(OH)_3$ et de la goethite (α-FeO(OH)).

D'après les résultats de l'ICP, nous constatons que ces coagulants sont composés principalement d'aluminium, du fer en grande quantité et du magnésium (Mg), et du silicium (Si) en faible quantité qui peut par ailleurs aider à la coagulation des matières polluantes.

D'après les résultats de l'énergie consommée, on observe que de l'énergie consommée faible dans le cas de préparation des coagulants synthétiques dans l'eau de mer que celle préparés dans l'eau de robinet sauf pour le coagulant à base de fer/aluminium, cela est due au pourcentage de fer et d'aluminium existant.

D'après les résultats du potentiel zêta, on constate que la plupart de ces coagulants existe en grand pourcentage sous forme de colloïdes positives à pH = 7, ce qui peut expliquer que ces matériaux ont un caractère attractif, sauf dans le cas de coagulant à base d'aluminium seul de la préparation dans l'eau de robinet($10^{-2}M$) qui a, à la fois, des particules possédant un caractère répulsif et attractif (ZIDANE et al, 2011, 2012). Par contre dans le cas de coagulant à base de fer seul de la préparation dans l'eau de mer ($10^{-2}M$), on observe un caractère répulsif.

Conclusion générale

Au cours de cette étude, nous avons entrepris de mettre en valeur et d'optimiser l'efficacité d'un coagulant-adsorbant mis au point par Bensaid et al, lors de leurs essais de décoloration d'une eau colorée par le colorant HE7B synthétique utilisé dans l'industrie du textile. En effet, ces auteurs ont testé des coagulant-adsorbants à base d'aluminium préparés à différents pH et ont pu conclure, que le meilleur composé est celui préparé à pH neutre. Nous avons ainsi essayé d'étudier sa capacité de dépollution et de décoloration sur un autre colorant « Le trypan bleu » ainsi que sur des matières organiques et inorganiques.

Nous avons ensuite œuvré à élargir et multiplier la composition et la nature de différents coagulants-adsorbants en les préparant dans divers milieux (fer et/ou aluminium) et à différents pH afin d'obtenir le meilleur traitement en évitant les effets indésirables sur l'eau traitée lors de l'utilisation des composés préparés.

Lors de cette étude nous avons ainsi pu synthétiser différents composés coagulants adsorbants à base de fer, d'aluminium et de fer mélangé avec l'aluminium en mettant l'accent sur les dilutions d'aluminium par le fer permettant de diminuer l'effet toxique de l'aluminium.

La caractérisation par DRX et MEB des structures à base d'aluminium, de fer et de fer/aluminium a permis d'identifier les principales phases cristallines présentes:

- ✓ Pour les structures à base d'aluminium (A(E1) et A(E2)) préparées dans de faibles concentrations d'eau de mer (dilutions 60 et 6 fois dans de l'eau ultra pur) se trouvent principalement sous forme de grains agglomérés, avec une phase majoritaire sous forme d'hydroxydes d'aluminium ($Al(OH)_3$), lesquels sont connus pour leurs propriétés adsorbantes des colorants. La structure préparée à forte concentration d'eau de mer (A(E3)) (dilution 2 fois), présente une phase majoritaire sous forme d'hydroxydes d'aluminium ($Al(OH)_3$), mais comporte aussi de l'oxyde d'aluminium (Al_2O_3) sous forme de grains spongieux.
- ✓ Pour les structures à base de fer (F(E1), F(E2) et F(E3)) préparés à différentes concentrations d'eau de mer se trouvent principalement sous forme Magnesioferrite ($MgFe_2O_4$).
- ✓ Pour les coagulants à base de fer/aluminium (AF(E1), AF(E2) et AF(E3)) préparés à différentes concentrations d'eau se trouvent principalement sous

forme Magnesioferrite (Mg Fe$_2$ O$_4$), Oxyde d'aluminium hydraté (Al$_2$O$_3$, 3 H$_2$O), magnétite (Fe$_3$O$_4$).

L'analyse élémentaire montré que :

Dans le cas des structures à base d'aluminium, la teneur en aluminium atteint une valeur de 34% pour A(E1), 29% pour A(E2) et de 25% pour A(E3) ou la forme solide est plus compacte. Une nette augmentation du pourcentage de sodium, magnésium et de chlorure, est constaté dans ce dernier.

Dans le cas des structures à base de fer, la teneur en fer atteint une valeur de 50% dans les cas de préparation dans l'eau de mer avec une forte et moyenne dilution ((E1) et (E2)) et seulement une valeur de 30% dans le cas d'une dilution faible de l'eau de mer ((E3)).

Dans le cas des structures à base de fer /aluminium, la teneur d'aluminium est deux fois plus élevée que la teneur de fer Pour les coagulants (AF(E1) et AF(E3)) à respectivement faible concentration et forte concentration en eau de mer. Par contre, dans le cas du coagulant AF(E2) préparé dans une concentration moyenne d'eau de mer, le pourcentage de fer est trois fois plus élevé que celui d'aluminium, avec une augmentation du pourcentage de sodium, magnésium et calcium. Dans le cas des coagulants AF(E4) on observe une teneur élevée de calcium et magnésium par rapport à la teneur d'aluminium.

Pour les structures à base d'aluminium, l'étude de la capacité épuratoire de ces structures a révélé que celles-ci sont très performantes pour l'élimination des colorants potassiums indigo trisulfonate et trypan bleu. L'efficacité des structures préparées dans les solutions les plus diluées d'eau de mer est légèrement supérieure à celle du composé préparé dans une solution d'eau de mer diluée seulement deux fois. Dans le cas des solutions polluées par l'acide oxalique (20 mg L^{-1}), le rendement d'élimination est de l'ordre de 85% pour les trois structures synthétiques dosées à 3 g L^{-1}. Par contre, dans le cas de la solution de bisphénol à la même concentration, le rendement d'élimination maximal n'est que de 23%. Dans le cas des solutions polluées par le chrome trivalent, le pourcentage de dépollution a atteint 94%. Par contre, dans le cas des eaux contaminées par le chrome hexavalent le pourcentage de dépollution n'a atteint seulement que 74%.

Pour les structures à base de fer, L'étude de la capacité épuratoire de ces structures a révélé que celles-ci sont moins performantes pour l'élimination des colorants de type organique que pour celles des colorants de type azoïque, avec un pourcentage maximum

Conclusion générale

atteignant une valeur de 51% dans le cas de potassium indigo trisulfonate et une élimination presque totale dans le cas des solutions contaminées par le trypan bleu. En ce qui concerne les solutions polluées par l'acide oxalique, le rendement d'élimination est de l'ordre de 64% en terme de DCO. Par contre, dans le cas du solution de bisphénol à la même concentration, le rendement d'élimination maximum ne dépasse pas une valeur de 55% dans le cas de F(E1) et F(E3) et de 24% dans le cas de F(E2). Dans le cas des solutions polluées par le chrome trivalent, le pourcentage de dépollution atteint une valeur de 95% ; par contre, dans le cas des eaux contaminées par le chrome hexavalent le pourcentage de dépollution n'atteint que celle de 47%.

Pour les structures à base de fer/aluminium, L'étude de la capacité épuratoire de ces structures a révélé que celles-ci sont performantes pour l'élimination des colorants de type azoïque et organique, avec un pourcentage maximum atteignant une valeur de 97% dans le cas de potassium indigo trisulfonate et une élimination presque totale dans le cas des solutions contaminées par le trypan bleu. En ce qui concerne les solutions polluées par l'acide oxalique, le rendement d'élimination atteint une valeur maximale de l'ordre de 88% en termes de DCO dans le cas de AF(E3). Par contre, dans le cas de solution de bisphénol à la même concentration, le rendement d'élimination maximum ne dépasse pas une valeur de 73% dans le cas de AF(E1). Dans le cas des solutions polluées par le chrome trivalent, le pourcentage de dépollution est presque total ; par contre, dans le cas des eaux contaminées par le chrome hexavalent le pourcentage de dépollution atteint une valeur maximale de 86%.

Cette étude a démontré le très bon potentiel épurateur des structures coagulantes/adsorbantes à base d'aluminium générés par électrocoagulation indirecte avec des électrodes d'aluminium dans des solutions diluées d'eau de mer utilisées comme électrolyte support. La recherche doit se poursuivre afin d'évaluer la faisabilité technico-économique de la production de ces structures et comparer leur performance par rapport aux autres coagulants et adsorbants disponibles sur le marché pour le traitement des eaux usées.

Notre travail a ensuite porté sur l'étude de l'élimination de ces matières polluantes par le procédé d'électrocoagulation en utilisant quatre électrodes d'aluminium et/ou de fer à pH neutre (pH=7). Nous avons pu ainsi conclure que les coagulants préparés par voie électrochimique ont des capacités d'élimination des substances polluantes plus grandes que celles observées par l'électrocoagulation.

Nous avons ainsi pu montrer que le mélange aluminium/fer donne un meilleur rendement d'élimination que l'aluminium seul ou le fer seul.

Une étude comparative du coût d'élimination des matières polluantes par les coagulants préparés et par l'électrocoagulation nous a permis d'observer que les plus faibles valeurs du coût sont obtenues par les coagulants préparés et plus particulièrement par les coagulants synthétisés à l'aide de quatre électrodes d'aluminium a différents zone de pH(acide, neutre et basique).

Références bibliographiques

Abdo, M. S. E., and Al-Ameeri, R. S. 1987. "Anodic oxidation of a direct dye in an electrochemical reactor." J. Envir. Sci. Health., A221, 27–45.

Achour S. et N. Guesbaya (2005). Coagulation-floculation par sulfate d'aluminium de composés organiques phénoliques et substances humiques. Larhyss Journal, ISSN 1112-3680, 4, 153-168.

Alinsafi a. , m. khemis, m.n. pons, j.p. leclerc, a.yaacoubi, a. benhammou et a. nejmeddine (2005). Electro-coagulation of reactive textile dyes and textile wastewater. Chem. Eng. Proc., 44, 461–470.

Amirtharahah A.et K.M. Mills(1982). Rapid-mix design for mechanisms of alum coagulation.J. Am. Water Works Assoc., 74, 210-216.

Aouabed.A, "Réduction de la turbidité d'une eau de surface : Application de l'eau du barrage de Keddara", mémoire de Magister, U.S.T.H.B, Alger 1991.

Apha (1999). Standards methods for examination of water and wastewaters. American Public Health Association (APHA), American Water Works Association (AWWA) and Water Pollution Control Federation (WPCF), Washington, D.C., États-Unis.

Arris. S. (2008). Étude Expérimentale de l'Élimination des Polluants Organiques et Inorganiques par Adsorption sur des Sous Produits de Céréales, Thèse de doctorat, Université de Constantine, Algérie

Arditti L., «technologie chimique industrielle II : les transferts de matière sans intervention de la chaleur- les modes de transmission de la chaleur », Eryolles, Paris, p164 (1968)

Baes.C.F and Mesmer.R.E, The hydrolysis of cations. John Weily and Sons, New York, 1976.

Balanosky E, Herrera F, Lopez A, Kiwi J, "Oxidative degradation of textile waste water. Modeling reactor performance", WATER RES, 34(2), 2000, pp. 582-596.

Bazer-Bachi, Puech-Coste, Ben Aim R et al, "Modélisation mathématique du taux de coagulant dans une station de traitement d'eau" Revue des sciences de l'eau. Pp 377-397, 1990.

Beck E.G, Giannini Ap, Ramirez E.R. , Electrocoagulation clarifies food wastewater. food technol 28,2, (1974)18 – 22pp.

Bensaid J., Contribution à la dépollution des eaux usées par électrocoagulation et par adsorption sur des hydroxydes d'aluminium, thèse d'état à la faculté des science Agdal, Rabat, MAOC,Mars,2009.

Benner R., Biddanda B., Black B. et McCarthy M., Abundance, size distribution, and stable carbon and nitrogenisotopic compositions of marine organic matter isolated by tangential-flow ultrafiltration, Marine Chemistry 57 (1997) 243-263

Bottero.J.K, Cases.J.M, Fiessinger.F and Poirier.J.E, Studies of hydrolysed aluminium chloride solution.I. Nature of aluminium species and coposition of aqueous solution. J. phys. Chem., 84, 2933-2937, 1980.

Bouziane, M, L'eau de la penurée aux maladies, Edition Iben Khldoune, 247P. (2000)

Brown M.A., DeVito S.C., Predicting azo dye toxicity, Crit. Rev. Env. Sci. Tec. 23(1993) 249-324.

Brown E., Colling A., Park D., Phillips J., Rothery D. et Wright J., Seawater: Its composition, properties and behaviour, The Open University, Second edition, 1997

Brahim Soudi, Xanthoulis Dimitri, Elaboration des fiches techniques des valeurs Limites des Rejets industriels : Fabrication du Chlore et Soude, Projet de gestion des ressources en eau :Elaboration des dossiers techniques relatifs aux valeurs limites des rejets industriels dans le Domaine Public Hydraulique,2006

Bottero.J.K, Cases.J.M, Fiessinger.F and Poirier.J.E, Studies of hydrolysed aluminium chloride solution.I. Nature of aluminium species and coposition of aqueous solution. J. phys. Chem., 84, 2933-2937, 1980.

Charbonneau, J, Encyclopédie de l'écologie, Edition librairie Larousse, 471P. (1977).

Cenkin V.E.etA.N. Belevtsev(1985). Electrochemical treatment of industrial waste water.Effl. Water Treat. J., July, 243-247.

Ciardelli G. et N. Ranieri, "The treatment and reuse of wastewater in the textile industry by means of ozonation and electroflocculation", WATER RES, 35(2), 2001, pp. 567-572

Copin-Montégut G., Chimie de l'eau de mer, Institut Océanographique, 1996

Conseil Supérieur de l'Eau et du Climat .1994 : « plan directeur du Sebou- Oum El Rebia et bassins versants atlantiques ».

Crini G,.Badot P.M,.Crini N.M, les principales techniques d'épuration des eaux industrielles polluées, revue des méthodes proposées dans alittératures ,laboratoire de biologie environnementale, presse universitaire de Franche-Conte, France, p 21-24.

Deffontaines M Foures, Tmivel PX (2001) Recents Progrès en génie des procédés. Vol 15 N°86,2001.

Dentel S.K, "Application of precipitation-charge neutralisation model of coagulation" Environnement science technology Vol.2 N 7, pp 825-832, 1988.

Dempsey.B.A, Ganho.R.M and O Mellia.C.R, The coagulation of humic substances by means of aluminium solts. J. Am. Wat. Wks; Ass., 76 N 4, 141-150, 1984.

Doré.M (1989) Chimie des Oxydants et Traitement des Eaux. (Éditeurs), Technique et ocumentation-Lavoisier, France.

Duan J., Gregory J. / Advances in Colloid and Interface Science 100 –102 (2003) 475–502J. Duan, Influence of Dissolved Silica on Flocculation of Clay Suspensions with Hydrolysing Metal Salts. PhD Thesis, University of London. 1997

Duverneuil, B.Fnouille et C.Chaffot, Récupération des métaux lourds dans les déchets et boues issues des traitements des effluents, Edition Lvoisier 1997

Edeline F., Traitement des eaux industrielles chargées en métaux lourds, tribune de l'eau N° 565, 5 édition CEDEDOC, Liège 1993

EL BASRI Soumia, ZIDANE Fatiha, BENSAID Jalila, Synthèse et étude de l'efficacité des coagulants (Fe, Al et Fe/Al): Contribution à la dépollution des eaux usées par des composés à base de fer et/ou aluminium synthétisés par électrocoagulation dans l'eau de mer, Editions universitaires européennes ,9 juin 2011

EPA, Integrated Risk Information System, Azobenzene CASRN 103-33-3, (1998) 46 Emangeard J.P., Marchand D.,Rev Fr. Corps gras, n°11/12,1991

Exall K.N. et G.W. Vanloon (2000). Using coagulants to remove organic matter. J. Am. Water Works Assoc., 92, 93-102.

Franceschi.M, "Contribution l'étude des mécanismes de coagulation floculation, modélisation de la phase de floculation. Etude de la morphologie des agrégats formés" Thèse de doctorat physique et chimie de l environnement Université Paul Sabatier-Toulouse, 1991.

Francois R.J, "Ageing of aluminium hydroxide flocs" Water Research Vol 21 N 5. Pp 523-531, 1987.

Gallard H. et U.V. GUNTEN (2002). Chloration des phénols : Cinétique et formation de chloroforme. Environ.Sci.Technol., 36(5), 884-890.

Garg V.K., Gupta R.,Yadav A. et Kumar K.,2003,Dye removal from aqueous solution by adsorptio on treated sawdust,Bioresource Technology,89 :121-124.

Goldstein et al. (1981). Scanning Electron Microscopy and X-Ray Microanalysis. New York : Plenum Press

Greene J.C., Baughman G.L., Effects of 46 dyes on population growth of freshwater green alga Selenastrum capricornutum, Text. Chem. Color. 28 (1996) 23-30.

Guessan Joachim Krou N', Etude expérimentale et modélisation d'un procédé séquentiel AD-OX d'élimination de polluants organiques, Laboratoire de Génie Chimique (LGC), Ecole doctorale : Mécanique, Enérgétique, Génie civil et Procédés(MEGEP), Université de Toulouse, 12 mars 2010 .

.Hammer.M.J, Water and wastewater Thechnology, Second Edition, John Wiley and Sons, 1986

Hansell D.A. et Carlson C.A., Marin dissolved organic matter and the carbon cycle, Oceanography 14(4) (2001)

Hanh.H.H et STUMM.W, Kinetics of coagulation with hydrlysed Al (III): The rate determining step. J. Colloid Interface Sci., 28 N 1, 134-144, 1968.

Harries J.T. (1909) US Patent n° 93 7210.

Henze M,Wasterwater treatement,biological end chemical processus,2001.

Hedges J.I., Global biogeochemical cycles: progress and problems, Marine Chemistry 39 (1992) 6793

Henri r., 1980, « fondement théoriques du traitement biologiques des eaux », technique et documentation lavoisier. , Tome 1 et Tome 2.

Holden W.S Electrolytic dosing of chemicals. Proceeding of the society of water treatment and Examination, 5,(1956) 120 – 128 pp.

Holt P.K., G.W. BARTON, M. WARK et C.A. MITCHELL (2002). A quantitative comparison between chemical dosing and electrocoagulation. Colloids Surf. A Physicochem. Eng. Aspects, 211, 233-248.

IARC, World Health Organization International Agency for research on cancer, Lyon,France, 29 (1982)117.

Ibanez J.G, Singh M.M and Szafran Z,Laboratory experiments on electrochemical remediation of the environment. Part 4. Color removal of sinutai led wastewater by electrocoagulation. electroflotation. Journal of chemical Education, 1040 –(1998) pp(104).

Iddick.T, "Livingstone, Bull Co. Wynne wood Pennsylvania", p. 372, 1968.

James.G.V, A survey of current methods of purifying domestic supplies and treating industrial effluents and domestic sewage, fourth edition, 1971

Johnson.P.N et Amirtharajah.A, "Ferric chloride and alun as single and dual coagulant". Journal of the American Water Works Association, 219-237, 1983.

Jolivet J.P. (1994). De la solution à l'oxyde, Condensation des cations en solution aqueuse. Chimie des surfaces des oxydes. Inter Édition, Paris, France.

Kellil.A, "Caractéristiques morphologiques des particules floculées : Influence des conditions hydrodynamiques de formation". Thèse de Doctorat d'état, INP Toulouse, Mars 1989.

Khlil. N. (2012). État des lieux des Microcystines (MCs) dans les eaux alimentant le grand Casablanca et état de l'art de l'optimisation de l'élimination de la MCLR, par chloration, en utilisant la Méthodologie de Surface de Réponse (RSM), Thèse de Doctorat d'état, université de Hassan II, Casablanca

Kim.H.S, "Contribution l'étude des interactions entre une suspension argileuse et des polyélectrolytes cationiques". Thèse de Doctorat troisième cycle, Université PAUL SABATIER de Toulouse, 1983

Konsowa A.H. (2003). Decolorization of wastewater containing direct dye by ozonation in a batch bubble column reactor. Desalination, 158, 233-240

Kobya M., Can O.T., Bayramoglu M., Treatment of textile wastewaters by electrocoagulation using iron and aluminum electrodes, J. Hazard. Mater.,100, 163–178 (2003).

Kuperferle m.J., A. Galal et P.L. Bishop (2004). Electrolytic treatment of azo dyes containing o'o'-dihydroxyazo complexation sites. J. Environ. Eng. Sci., 3, 223-229.

Lahbabi N., Z. Rais, M. HajajI et S. Kacim (2009) Oxydation du phénol sur un catalyseur à base de Fer supporté sur une argile marocaine. Afrique SCIENCE, 05(3), 14 - 24

Lefebvre et E., Legube B., Coaglation par Fe(III) de substances humiques extraites d'eau de surface: effet du pH et de la concentration en substances humiques, Wat. Res., 24, 1990, 591-606. Lemaire F. (2004). Adsorption sélective et diffusion de paraffines linéaires etbranchées en C6 sur la zéolithe ZSM-5. Thèse de doctorat, Université de Bourgogne.

Letterman R.DD "Influence of rapid mix parameters on flocculation" Journal of AWWA, pp 716-722, 1973.

Li Y., B. Gao, T. Wu, B. Wang et X. Li (2009). Adsorption properties of aluminum magnesium mixed hydroxide for the model anionic dye reactive brilliant Red K-2BP. J. Hazard. Mater., 164, 1098-1104.

Lurie.M, Rebhun.M, "Effect of properties of polyelectrolyte on their interaction with particulates and soluble organics" pp 84-91.4th international conference: the role of particle characteristics in separation process Monday 28 October-Wednesday 30 October, The Hebrew University of Jerusalem Edited by Professor K J IVES and Professor A Adin.

Mameri N., Yeddou A.R., Lounici H., Belhocine D., Grib, Bariou H.B.,Defluoridation of septentrional Sahara water of North Africa by electrocoagulation process using bipolar aluminium electrodes, Water Res., 32, 1604–1612 (1998).

McCarthy M., Hedges J., Benner R., Major biochemical composition of dissolved high molecular weight organic matter in seawater, Marine Chemistry 55 (1996) 281-297

Mollah M.Y.A., R. SCHENNACH, J.P. PARGA et D.L. COCKE (2001). Electrocoagulation (EC) science and applications. J. Hazard. Mater., B84, 29-41.

Mollah M.Y.A., S.R. Pathak, P.K. Patil, M. Vayuvegula, T.S. Agrawal, J.A.G. Gomes, M. Kesmez, D.L. Cocke, Treatment of orange II azo-dye by electrocoagulation (EC) technique in a continuous flowcell using sacrificial iron electrodes, J. Hazard. Mater. B109 (2004) 165–171.

Miquel. MG. (2001). Les effets des métaux lourds sur l'environnement et santé- rapport de l'office parlementaire d'évaluation des choix scientifiques et technologiques, France.

Naomi P, Barkle Y, Clifton parcel L, Tracie Williams, Emerging Technology Summary Environmental Protection Agency,1993

Nigam P, Banat I, Singh D, Marchant R (1996) Microbial process for the decolorization of textile effluent containing azo, diazo and reactive dyes. Process Biochem 31:435–442

Nembury et al D.E.. (1990). Anal. Chem., 62, 1159A, 1245A

Neff D., Apport des analogues archéologiques à l'estimation des vitesses moyennes et à l'étude des mécanismes de corrosion à très long terme des aciers non alliés dans les sols, in Sciences Mécaniques pour l'Ingénieur. 2003, Thèse Université de Technologie de Compiègne p. 360.

Pokhrel D., Vitaraghavan T.,Scitotal Technologie 333 (2004)37.

Persin F. et Rumeau M., le traitement électrochimique des eaux et des effluents, tribune de l'eau, 42, 539, 45-56 (1989).

Peng F.F, Pingkuan DI, "Effect of multivalent sals-calcium on the floculation of kaolin suspension with anionic polyacrylamide". Journal of colloid and interface science 164 pp 229-237, 1994.

Prétorius W.A., Johannes W. G., Lempert G.G., Water S.A. 1991, Vol. 17, N°2, 133.

Picard T., Contribution à l'étude des réactions aux électrodes en vue de l'application à l'électrocoagulation , thèse de doctorat, universités de Limoges (2000).

Robinson T., Mc Mullan G., Marchant R., Nigam P., Remediation of dyes in textiles effluent: a critical review on current treatment technologies with a proposed alternative, Bioresource Technology, 77 (2001) 247-255.

Robert L. , « Adsorption », technique de l'intérieur, J2730 ,1-9,1989.

Snoeyink Vernon L; Jenkins David,Water chemistry, Civil Engineering Inorganic Chemistry, New York : Wiley, 1980.

Specht K., Platzek T., Textile dyes and finishes - Remarks to toxicological and analytical aspects, Deut. Lebensm.-Rundsch. 91 (1995) 352-359.

Steinberg M, trenil M., Jauray J.C, Géochimie : principe et méthodes de cristallochimie et éléments en tracs, DOIN, Paris, 372-384 ,1979.

Srasra, « Argile et acidité .Mécanisme de l'activation acide et propriétés résultantes », thèse de Doctorat d'état Es-Sciences physiques, Faculté des sciences de Tunis ,2002.

Stuart F.E., Electronic principal of Water purification. The new England Wat. Works Assoc. 60, 3, (1946)236 – 242 pp.

Strokach P.E, Stipe henko.V.A and Bilaya V.P, A Study of waters purification in an electrolyser with an aluminium anode. Electrochemistry in Industrial Processing and Biology, 4, (1975) 7, 39-46 pp.

Sekiou.F M., "Effet de la nature des particules solides disperses et des conditions de formation du floc sur l'efficacité de la floculation", Mémoire de Magister en hydraulique. Ecole Nationale Supérieure de l'hydraulique, 2001.

Tchobanoglous G and Burton fl (1991) Wastewater Engineering: Treatment, Disposal and Reuse (3rd edn.) Metcalf and Eddy Inc., McGraw-Hill, New York, USA.

Tsuda S., Matsusaka N., Madarame H., et al., J. Mutation Research, 465, 11-26, (2000).

Trichet.F, "Cinétique de floculation, mesure et application au traitement des eaux", Thèse de Doctorat des sciences pharmaceutiques, Faculté de Montpellier ; France, 1985.

Vik E. A.. Carlson, , D. A A. Eikum S. and. Gjessing EE.T, Electrocogulation of potable water. Wat. Res., 18, 1355-1360 (1984).

Well O.C.et al. (1974). Scanning Electron Microscopy.New york , McGraw-Hill, 5

Xueming Chen, Guohua. Chen, Polock Yue (1999) Separation of polluants from restaurant waste water by electrocoagulation. October 65 – 76.

Yang SS, Lin JY, Lin YT, J Microbiol Immunol Infect. 1998 Sep;31(3):151-64, Microbiologically induced corrosion of aluminum alloys in fuel-oil/aqueous system, Department of Agricultural Chemistry, National Taiwan University, Taipei, ROC.

Zaviska F., Drogui P., Blais J.F. et Mercier G. (2009). In situ active chlorine generation for the treatment of dye-containing effluents. J. Appl. Electrochem., 39, 2397-2408.

Zidane Fatiha, El basri Soumia, Bensaid Jalila, Blais Jean-François, Drogui Patrick et Qassid Fakhreddine, Effet de l'électrolyte support sur la synthèse par électrocoagulation de structures adsorbantes à base de fer et d aluminium, Int. J. Biol. Chem. Sci. ISSN 1991-8631.

Zidane Fatiha, Qassid Fakhreddine, El basri Soumia, Bensaid Jalila, Drogui Patrick et BLAIS Jean-François, Décoloration des effluents par des structures adsorbantes générées par électrocoagulation avec des électrodes d'aluminium et de fer, Revue des Sciences de l'Eau, QF11-09B.

Zidane Fatiha, Rhazzar Adil, Jean-François Blais, Kamal Ayoubi, Jalila Bensaid, Soumia El Basri, Noureddine Kaba, Qassid Fakhreddine et Brahim Lekhlif; Contribution la dépollution des eaux usées de textile par électrocoagulation et par adsorption sur des composées base de fer et d aluminium, Int. J. Biol. Chem. Sci. ISSN 1991-8631.

Zidane F., Drogui P., Lekhlif B., Bensaid J., Blais J-F, Belcadi S., El kacemi K., Decolourization of dye-containing effluent using mineral composé synthétiques produced by electrocoagulation, Journal of Hazardous Materials,155 ,2008, pp:153–163.

Zollinger H., Color Chemistry. Synthesis, Properties and Applications of Organic Dyes and Pigments, 2nd Ed, VCH, 1991.

Zollinger H., Color chemistry, Synthese, properties and applications of organic dyes andpigments.VCH,(1987).

i want morebooks!

Buy your books fast and straightforward online - at one of the world's fastest growing online book stores! Environmentally sound due to Print-on-Demand technologies.

Buy your books online at
www.get-morebooks.com

Achetez vos livres en ligne, vite et bien, sur l'une des librairies en ligne les plus performantes au monde!
En protégeant nos ressources et notre environnement grâce à l'impression à la demande.

La librairie en ligne pour acheter plus vite
www.morebooks.fr

OmniScriptum Marketing DEU GmbH
Heinrich-Böcking-Str. 6-8
D - 66121 Saarbrücken
Telefax: +49 681 93 81 567-9

info@omniscriptum.de
www.omniscriptum.de

Printed by Books on Demand GmbH, Norderstedt / Germany